U0281746

海洋信息图

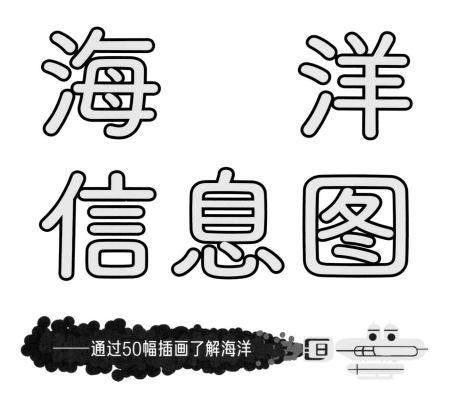

——通过50幅插画了解海洋

【法】朱利埃特·朗波（Juliette Lambot） 著

【法】梅洛迪·当蒂尔克（Mélody Denturck） 绘

陈新华 译

重庆大学出版社

陈新华，上海工程技术大学马克思主义学院讲师。

前言

一旦走近它，我们的感官就会被迅速唤醒。一股气味、一丝温暖、浪潮的喧嚣、海鸟的啼鸣，都让我们迅速陷入对本质的沉思中：存在的本质，生命的本质。但一个世纪后，它还会继续保护我们，养育我们，让我们流连忘返吗？

世界大洋是一块单一的大陆，占据了我们地球表面约70.8%的面积。它是地球上的生命的源头，铭刻在我们每个人的感觉记忆和集体记忆中。它看着人类觉醒、成长、探索世界、为金钱或宗教而战……它见证了我们那些伟大的革命：帆船、汽船、集装箱货轮！

工业革命对它影响深远，渗进了它海蓝色的血管中，使它的二氧化碳含量超标，而它本应吸收这些可恶的、侵入了大气层的二氧化碳。很少有人有胆量深入其腹地……比探索过月球的人还少。

然而，在其遥不可及的深处，蕴藏着奇珍异宝、贵金属、让医学着迷的物种……它是我们未来的密钥。我们是否知道自己要理性对待这块无垠的蓝色大陆？正是它数世纪以来让我们得以相聚在一起。

让我们进入海洋的迷人历史中探索一番吧……

目录

第一部分
海洋是如何运行的?

1 一个星球，五片大洋

我们有理由将地球称为"蓝色星球"：世界大洋占据了它表面积的70.8%！它由五大洋构成，大洋就是两块大陆之间一望无际的海水，比起被它们所庇护的大海要宽广得多。

97%

无垠的蓝色

为什么大洋是蓝色的？它的颜色源于其光学特性：海水吸收红光，反射蓝光和绿光；根据海底的深度和地形的不同，大洋呈现出深浅不一的蓝色，或因水中含有一定数量的浮游生物而偏绿色。当然，云和天空的亮度对大洋所呈现的颜色也起了一定的作用。

一些数据

在我们星球上的水中，海水占了97%，即13.38亿立方千米。

在人类产生的二氧化碳（CO_2）中，有30%是被大洋吸收的。

太平洋是五大洋中最大的一个，占了地球表面积的1/3。

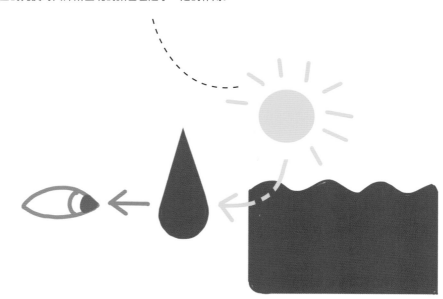

你知道吗？

海洋是根据板块运动的原理形成的。在数十亿年的时间里，在地球板块分裂处形成了山谷，然后是盆地。由于低于大陆的水平面，它们逐渐被雨水和河流里的水填满。

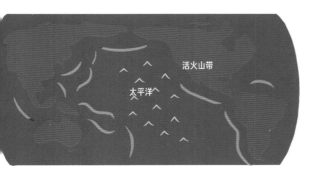

太平洋

太平洋是最大、最古老的海洋盆地（大约形成于2亿年前）。地球上最深的海沟就位于其深处。海脊和火山弧错落分布其中，它们导致了带状群岛的形成。它还容纳着著名的"活火山带"，正是后者引发了无数次地震和海啸。

大西洋

它是地球上面积第二大的大洋，大约在1.8亿年前，由板块在大西洋中脊的分离运动造成。它也是欧洲最早的海上探险的舞台，至今仍是连接欧洲、非洲和美洲大陆的交通要道。

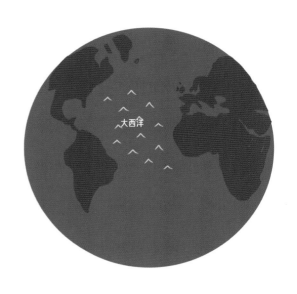

印度洋

它曾经被称为印度海，是面积大小排第三的大洋。2亿年前，非洲、印度、南极洲和澳大利亚形成了一块单一的大陆——泛古大陆。在此后的1.7亿年前，非洲分裂了出去；1亿年后，印度分离出去，连到了亚洲大陆上。由此而产生的空间就形成了印度洋。

南极和北极

这两片大洋分别以北极圈（北边）和南极圈（南边）为界，在一些季节，部分地区为冰层所覆盖。北冰洋和大西洋及其暖流相连通，因此寒冷程度低于南极洲。

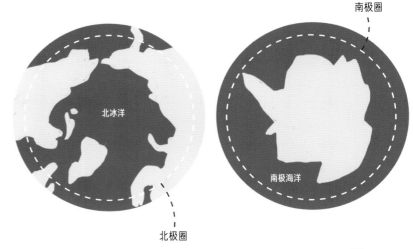

2 大地和冰的两极

在我们地球的两端，两极和紧挨着它们的大洋构成了一个个与众不同的世界。它们独特的生态系统严酷、多风、恶劣，并受制于冰的变化周期。

为什么这么冷?

太阳在两极的入射角与在热带的有所不同：太阳光照射的角度削弱了其强度。此外，冰还能反射光和热，并因此有助于维持低温。通过反射光线，冰块也防止冷水变暖。浮冰融化得越厉害，它的反射面，也就是反照率，就会相应地缩减。相反，颜色最深处，也就是吸收热量的那部分，它会扩大并加速变暖过程。

40级咆哮、50级嚎叫、60级撞击

南极洲是一个大洲，这块陆地常年被冰雪覆盖，只有科研人员经常造访这里。它的面积是法国的25倍，被南大洋包围。世界上90%的冰都在南极洲，一部分在南极洲的陆地上，一部分以浮冰的形式存在。与被陆地和大洲包围的北极不同，对于在低纬度地区形成的风而言，南大洋上不存在任何可以阻挡它们的障碍。因此，南极大陆与海洋之间的温差造成的强风和海浪可以达到几米高。越往南方前进，越往高纬度地区前进，风就变得越猛烈。这些风因此有了如下绰号：40级咆哮、50级嚎叫和60级撞击……

赤道

南极

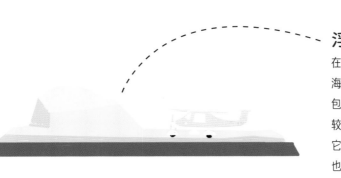

浮冰，冰的陆地

在北极，北冰洋是一大片被冰覆盖着的冷水：浮冰。这片海洋被俄罗斯、斯堪的纳维亚、加拿大和北极圈的海岸线包围，并由该地区河流注入的大量淡水维系着。由于咸度较低，海水也因此更容易结冰，慢慢形成了巨大的冰层，它坚固到可以在上面行走，甚至专为这种地区设计的飞机也可以在此起降。

你知道吗？

当太阳光射进气泡的时候，所有的颜色都会被反射，最后就变成了白色光线。年轻的冰川和雪中含有较多气泡，所以看上去是白色的；至于老冰川，则是明亮的蓝色：颜色越深，说明里面的气泡越少，且只反射了部分光线，即蓝波。

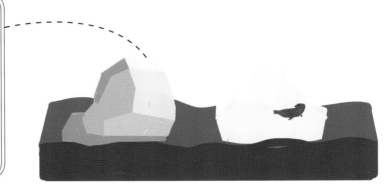

气候变化的前哨

大气和洋流的变暖导致了浮冰融化。40年来，在北极地区，冰层覆盖的面积每10年减少13%。在南极，西部的冰川厚度在变小，东部冰川的厚度在增加。但最终的结果很清楚：北极损失的冰量是南极增加的冰量的三倍。

3 什么是海?

海与一个国家、一个地区、一种特殊的地理形态有关，有时它也有颜色，并且比洋小。它不仅仅是一个地理区域，还常常讲述着一段历史。

公海/陆缘海

公海分布于比邻大洋的大陆的边上，其边界由半岛、岛屿或沙洲构成。我们以加勒比海为例，它贴着中美洲和南美洲的边界，为一串岛屿包围。虽然这些海域临近大陆，但不一定与浅水区接壤。挪威海深达400米，而珊瑚海(在澳大利亚和新喀里多尼亚之间)则达到9140米。相较于大洋，大海使早期的航海家能够更为精确地划定地理区域，以确认自己的位置。

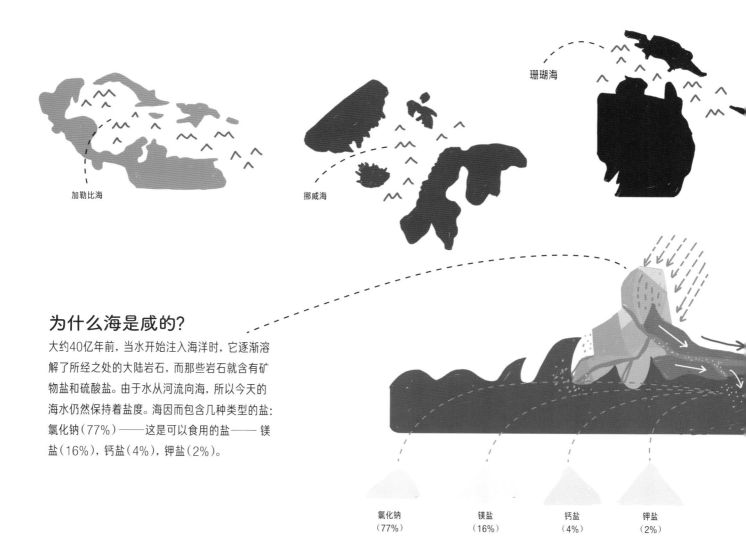

珊瑚海

加勒比海

挪威海

为什么海是咸的?

大约40亿年前，当水开始注入海洋时，它逐渐溶解了所经之处的大陆岩石，而那些岩石就含有矿物盐和硫酸盐。由于水从河流向海，所以今天的海水仍然保持着盐度。海因而包含几种类型的盐: 氯化钠(77%)——这是可以食用的盐——镁盐(16%)，钙盐(4%)，钾盐(2%)。

氯化钠 (77%)　　　镁盐 (16%)　　　钙盐 (4%)　　　钾盐 (2%)

内海或附属海

内海是指被陆地包围的海，通过海峡或者运河与大洋连通。由于是封闭的，内海的蒸发量比较大，通常比大洋的水要咸。大洋的平均盐度为35克/升，而地中海的平均盐度在38克/升到39.5克/升之间，红海达到41克/升，死海达到275克/升的峰值！相反，由于有众多河流注入，波罗的海的盐度非常低，只有5-10克/升。

有水/
没水的地中海

500万年前，直布罗陀海峡因大陆漂移而封闭了。尽管地中海的平均深度为1500米，还有着各种海沟（卡利普索海沟深达5267米），但在1500年内就干涸了。很快，这里变成了盐湖散布的荒凉之地。30万年后，地震和侵蚀活动再次打开了海峡，大西洋的水又流了进来。一开始，水流很慢，后来加快到1亿立方米/秒，水面也以每天10米的速度抬升，用了大约2年的时间才恢复到现在的样子。

地中海

直布罗陀海峡

你知道吗？

地中海仅占全球海洋表面积的1%。但是，据估计，它拥有世界上4%至18%的海洋物种！

7

4 河口和海峡，当大地交汇

海洋与陆地总会在一个区域相遇。海峡和河口独特的地理与生物特征促进了这一地区特有的、丰富的生物多样性的形成。

淡水与咸水相遇

河口是河流的入口处。这里是淡水和咸水交汇之地，河口的内陆范围的大小，取决于潮汐能影响到何处。当海水在涨潮的日子里涌上河口时，会在河面上掀起被称为涌潮的波涛。河口，三角洲（有多个分支的河口）和潟湖（或多或少和海洋贯通的沿海水域）是陆地淡水(雨水、冷凝水等)和沿海咸水之间过渡的重要缓冲区。河口和三角洲形成于河流的入口，而潟湖则是沿海水域，或多或少和海洋贯通。

流水

淡水

过渡水域

梦幻之地

芦苇林、盐沼、泥滩、贝壳滩或沙洲、红树林……河口孕育了世界上生物量最丰富的生态环境。浑浊的水域用充足的养料创造了一个独特的栖息地。这里是一些鱼类产卵和生长的重要场所，如梭鱼。

河口

沿海水域

近陆之地

海峡指一块陆地收窄的地方，只能让一段连接着两片不同海域的狭小的水流通过。沿着这条水下走廊，洋流（有时汹涌）和气象现象受到海岸地理环境非常强烈的影响。因为位于两块陆地和两片海洋的交汇处，它的生物多样性是独一无二的。例如，墨西拿海峡是蓝鳍金枪鱼的重要迁徙通道，也是生长着带状藻林的独特的所在。当两个海岸不属于同一个国家时，这个海峡就成为充满各种交流的地方——战争、交通、移民。加来海峡和马六甲海峡是世界上最繁忙的海路。

你知道吗？

1520年，麦哲伦在拼命寻找通往印度的路线时发现了麦哲伦海峡，它位于美洲大陆的南端，长550公里，宽6至20公里。其错综复杂的水道构成了一个真正的迷宫，许多航海家都在这里迷过路。

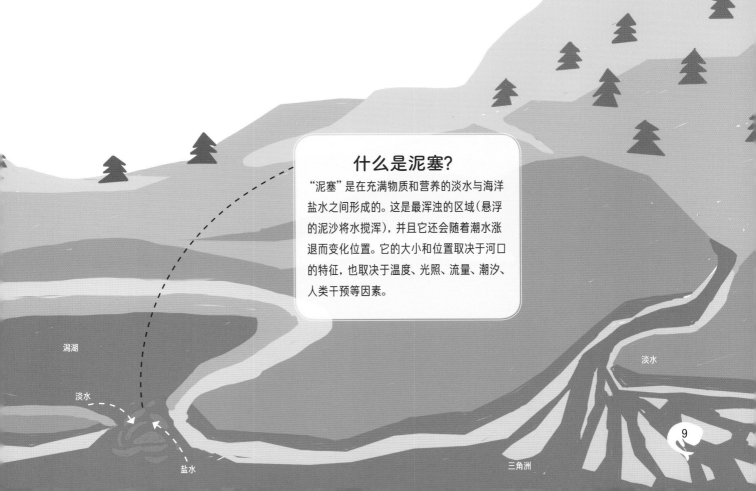

什么是泥塞？

"泥塞"是在充满物质和营养的淡水与海洋盐水之间形成的。这是最浑浊的区域（悬浮的泥沙将水搅浑），并且它还会随着潮水涨退而变化位置。它的大小和位置取决于河口的特征，也取决于温度、光照、流量、潮汐、人类干预等因素。

潟湖

淡水

淡水

盐水

三角洲

9

5 海平面

人类在海边建造了很多大城市，同时也早已经忘记，海平面数百万年以来一直在变化。尤其是自20世纪末以来，海平面还在上升中……

几个大的变化周期

人类确认了三个主要的海平面变化周期：

- 从第一纪到第三纪末期，即从公元前5.4亿年到公元前250万年间，海平面经历了巨大的振荡，振幅最高可达380米，最后上升到距目前水平面以上250米处。

- 从第三纪末开始，海平面的振幅较小，在30-130米之间。

- 上一次冰期发生在大约2万年前，海平面自那时以来已经从负130米上升到目前的0米，即我们今天的水平。从今以后，海平面上升的速度将会加快。

为什么会上升？

陆地与海洋盆地的形态演变与板块运动有关，这就解释了过去3.5亿年的种种变化。所以，变化的是容器的形状。但在过去的300万年里，影响海平面的主要因素是气候和大陆冰层的变化。大气温度的上升、冰层的融化和海洋的热膨胀是目前水平面上升的原因。

变化的大陆地理

大约2万年前，在整个冰期，一层冰盖（有些地方厚度达到近3千米）覆盖了整个北欧，一直延伸到伦敦和柏林所在的纬度。海平面比现在的低130米，大西洋海岸线（陆地-海洋边界）比我们今天所知道的要向西得多。史前时期的人类如果想从"法国"到"英国"，必须经过广阔、干旱而多风的平原。海峡干涸了，英吉利海峡仅是一条和欧洲冰盖直接相连的大河，将大量沉积物排入北大西洋中。在今天的比斯开湾的深海中，还能看见这些砂质沉积物。

你知道吗？

当猛犸象横渡英吉利海峡时，尼安德特人居住在距离现在的海岸线几十公里的地方。莫尔比昂湾底部还发现了种植的智人柱。

未来？

30年来，南极的气温上升速度是世界其他地区的三倍，现在海平面平均每年上升3.3毫米。南极的融化可能会大大加速海平面的上升，有些人认为这与上一次冰期相当。根据一些专家的说法，到2100年，海平面上升将超过40厘米，同时全球温度上升2摄氏度；如果海平面上升80厘米左右，全球温度则上升3到4摄氏度，我们目前就处于这种变暖趋势中……

6 海底地形，颠倒的地球

80%的海底的深度超过3800米：山脉、地下河流、洞穴和火山构成了海洋的地势，但在地表是很难看到的。

大陆架，古老海岸的记忆

它是大陆的延伸，通常由流入那里的河流的沉积物堆积而成。它位于大约200米深的地方，还留有"古海岸线"的痕迹。大约15000年前，这些海岸线被最后一次水位上涨（从130米至150米）吞没。我们还可以在那里看到古代水流冲击而成的山谷。

神秘的深渊平原

光永远无法到达超过2000米深的地方，这就有了我们所说的"深渊"，这个术语来自希腊语abyssos，指"无底"……这里有着4000到6000米深的深海平原，遍布着山脉、火山、岛弧和海沟，还有65000千米长的著名海脊。

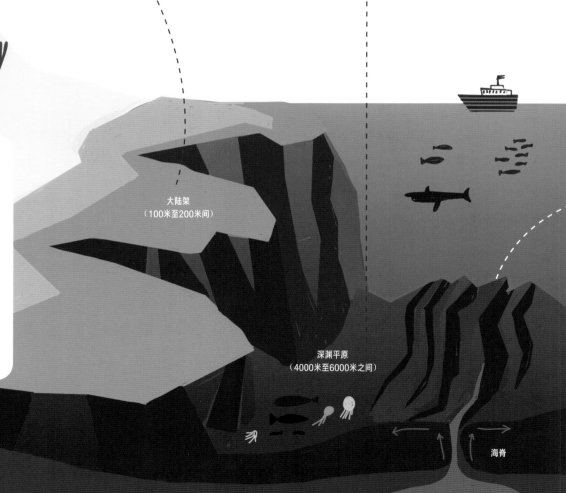

一些数据

10994米深：这是海洋中最深的点，被称为挑战者深渊。它于2012年，在日本南部的马里亚纳海沟得到测定。而在陆地上，珠穆朗玛峰只有8848米！目前只有20%的海底得到了测绘，不到1%的海底为水下设备探测过。

大陆架
（100米至200米间）

深渊平原
（4000米至6000米之间）

海脊

你知道吗?

在北大西洋海脊附近,海底以每年2.5厘米的速度漂移!欧洲和美洲正在越隔越远,而其他大海则正在被封闭——地中海就是这种情况,因为非洲板块向北移动:(太平洋的)陡峭的海脊每年以15-20厘米的速度移动。

海沟: 无物永存, 一切皆变!

海沟是巨大的海底洼地,在那里,板块插入其邻近板块的下面,并进入地球的内部。这种运动造成的消失的物质量相当于在海脊上产生的物质量。海脊(板块分离和地壳的扩张)和海沟(板块的俯冲和物质的吞噬)集中的地区,地震活动非常活跃,太平洋弧带(和板块俯冲有关系的火山弧)就是一例。

海脊, 物质的循环

海脊是一条绵延数千千米的火山山脉。上升的熔岩和水接触后开始冷却,并周期性地积累来自地球深处的熔融物质。板块从该海脊的两侧分离,由此推动了大洋缓慢的扩张。每一个大洋都有自己的海脊:大西洋中部、东太平洋和南极太平洋、印度洋中部、印度洋西南部和印度洋东南部。

水下坑
(1000米)

你知道吗?

所谓的"测深图"呈现了海底的深度和地形。第一张测深图描绘的是北大西洋,由马修·方丹·莫里绘制于19世纪。自20世纪以来,声纳的发展使人们能够绘制出准确的海洋地图,尽管大部分仍然有待探索。

7 火山岛：陆地的出现

在地球活动的推动下，海底从来没有停止过变化。有新物质出现的时候，就意味着其他部分将消失在地球深处。

一些地质学知识

地球由一个地核和三个截然不同的层组成：第一层是固体，由大陆地壳和海洋地壳组成。这一层延伸到100公里深处。在它下面的是上地幔和下地幔，它们由热的黏稠物质组成。位于中心的是岩芯，那里的温度超过5000℃，可以熔化岩石。熔化的岩石和火山喷出的气体来自岩浆室。这些岩浆囊大部分都比较深，位于地幔中。

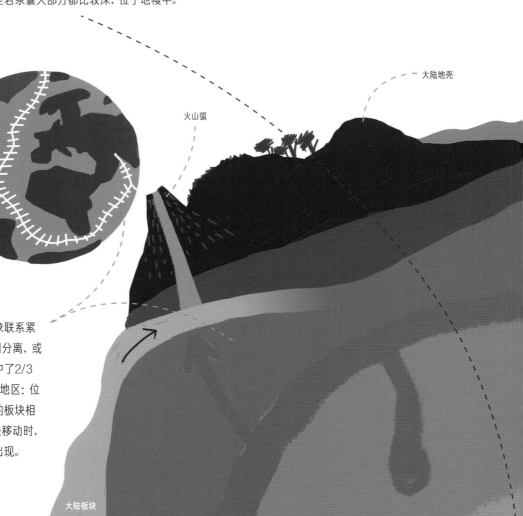

大陆地壳

火山弧

板块运动与火山作用

在海上，火山活动出现在与板块运动现象联系紧密的区域：在火山集中的地方，板块互相分离，或一个板块滑到另一个下面。这些地区集中了2/3的火山活动，其余的位于所谓的"热点"地区：位于下地幔的岩浆囊。与不断在上面移动的板块相比，下地幔或多或少是静止的。但当板块移动时，岩浆会被释放出来，可能会导致岛链的出现。

大陆板块

俯冲带

这是两个板块碰撞后，一个切入到另一个下方的区域：密度最大的（大洋）板块滑到密度最小的（大陆）板块下面。在板块的热度和推力的作用下，板块对地幔造成了压力，岩浆随后上升到地表，最后导致了熔岩的喷射。在一次次的喷发后，一座火山就出现了。因此，两个大洋板块之间的碰撞导致了海底火山岛和露出水面的山脉（年轻而活跃的火山）的形成。日本群岛、大洋洲的马里亚纳群岛、太平洋的阿留申群岛，以及小安第列斯群岛和南桑威奇群岛就是这样诞生的。

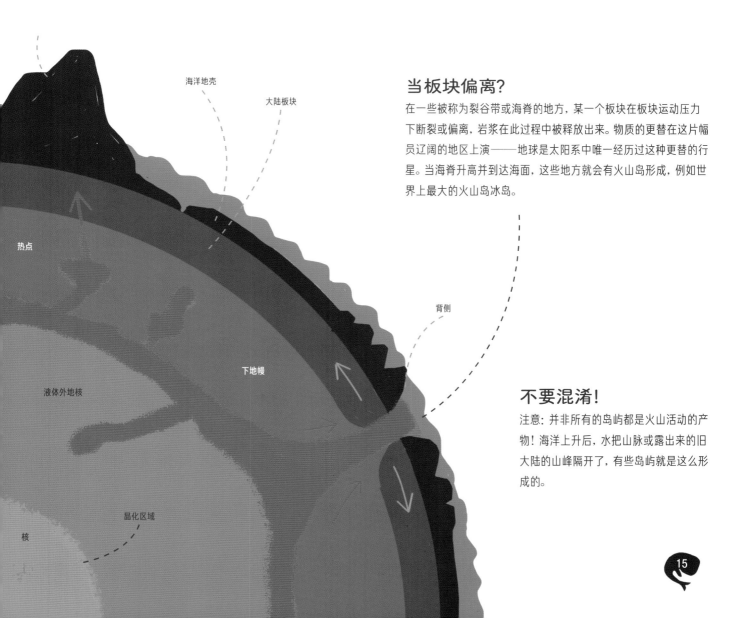

海洋地壳

大陆板块

当板块偏离？

在一些被称为裂谷带或海脊的地方，某一个板块在板块运动压力下断裂或偏离，岩浆在此过程中被释放出来。物质的更替在这片幅员辽阔的地区上演——地球是太阳系中唯一经历过这种更替的行星。当海脊升高并到达海面，这些地方就会有火山岛形成，例如世界上最大的火山岛冰岛。

热点

下地幔

液体外地核

背侧

不要混淆！

注意：并非所有的岛屿都是火山活动的产物！海洋上升后，水把山脉或露出来的旧大陆的山峰隔开了，有些岛屿就是这么形成的。

晶化区域

核

8 珊瑚，伟大的海洋建筑师

珊瑚有助于海底的形成，但它到底是如何起作用呢？

动物还是植物？

珊瑚实际上不是植物，而是动物！它是一种小而柔软的虫子，和其表亲水母一样出现在6亿年前，它有着圆柱形的身体和被一圈触须环绕的嘴，吸附在岩石上或海底。珊瑚利用自己的触须，以微小的有机体为食。

虫黄藻和珊瑚：完美的一对！

珊瑚庇护着一种藻类，它85%的能量来自这种藻类的的光合作用，这就是虫黄藻。这些非常小的单细胞褐藻只能与其他动物共生，珊瑚就是它的理想伴侣。虫黄藻同时向它提供：

● **食物**：这种小海藻会产生糖分，并为收容它的珊瑚所吸收。

● **氧气**：虫黄藻通过光合作用产生氧气。在热水中，氧气浓度会很低。多亏了这些虫黄藻，珊瑚虫的呼吸变得容易了。

● **漂亮的棕色**：源于虫黄藻含有的色素，其他颜色（粉色、蓝色等）与珊瑚自身的色素有关。

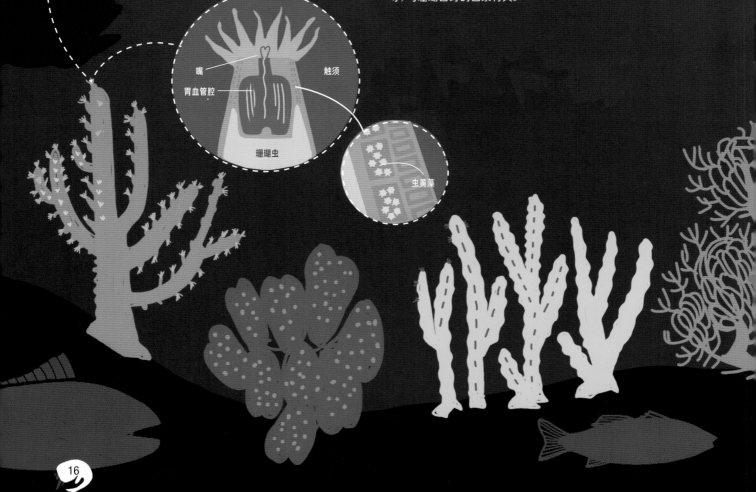

嘴　　触须

胃血管腔

珊瑚虫

虫黄藻

良性行为的交流

这是一种真正的共生关系，因为它们靠着对方才能生存下去。珊瑚为这些小海藻提供了保护，但也为它们的生存提供了必要的元素：二氧化碳。珊瑚在呼吸时释放出宝贵的二氧化碳，这些二氧化碳被虫黄藻吸收，以进行光合作用。虫黄藻还需要光来合成有机物……这就是为什么珊瑚通常栖息在清澈明亮的水域：它们把藻类暴露在阳光下，这样它们就可以生长了。

你知道吗？

还有所谓的冷水珊瑚或深海珊瑚，它们生活在从几十米到近2000米深的海底。这些独特的珊瑚并不总是需要与藻类共生。

目标：建造珊瑚礁

这对理想伴侣的王牌是，著名的石灰岩骨架的建造。珊瑚终其一生都在合成石灰石，而坚硬的珊瑚能产生外部为石灰石的骨架，因此，只有它们有助于珊瑚礁的建造。它们而后发芽，并紧密地结合在一起，最后形成了珊瑚群，几千年之后，这些珊瑚群将成为珊瑚礁。

9 沙子从哪来？

如果没有沙滩，很难想象出大海的样子。白色的、黑色的、金色的……沙子装饰着海岸线，它们随着水流、暴风雨和人类的欲望而积累或消失。

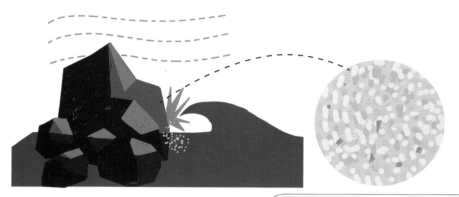

一切始于侵蚀

沙子是风和水侵蚀陆地岩石的结果——这一侵蚀过程已经持续了数百万年——但它也由矿物和有机废物组成，如贝壳或珊瑚骨架。岩石碎片（沙粒）越小，就会被吹得越远，有些甚至可以被风吹到数万里远的地方。

你知道吗？

一个障碍物（地形、植被）会在局部减缓风速并导致沉积现象，沙丘就是这么形成的。慢慢地，在风的推动下，沙丘逐渐向内陆移动。

难以置信的多样性

根据其来源地的性质，沙子可以呈现出非常不同的颜色：赭色、粉红色、石榴石色（如格罗伊克斯岛），黑色（如加那利群岛这样的火山群岛），白色（如白沙，那里的沙丘由纯石膏组成）。沙子的平均粒径差别也很大：最粗的（由风造成）为5毫米，最细的（被波浪和河流压碎并磨尖）为3/5毫米。

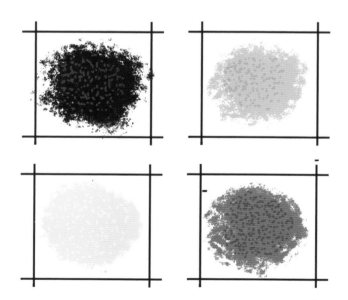

鹦鹉鱼——
一个制砂机器

这些食草鱼生活在世界各地的热带珊瑚礁上，它们的下巴非常结实。它们以附着在珊瑚上的藻类为食，这就需要用牙齿磨损和啃食珊瑚礁。经过消化，被它们吞下的珊瑚成了白沙，最后被它们排泄掉。根据科学家们的计算，每条鱼每年可以产生几十公斤的沙子。但是，这种独特的沙子只是这个世界上的沙子中的一小部分。

沙滩会消失吗？

海滩的沙子是世界上使用最广泛的材料之一，尤其在建筑业：它用于制造混凝土、玻璃，用于废水过滤，甚至用作加工牛仔裤的磨料……以目前开采沙子的速度，再加上海平面上升的威胁，到本世纪末，大约80%的海滩可能会消失。但是，沙子实际上是一种重要的旅游资源，同时也是防止海岸被侵蚀的不可或缺的屏障。

数据中的沙子

全世界沙子的种类大约为4900种，它们由大约180种不同类型的矿物组成，如石英、云母、珊瑚……据估计，地球上有1200万亿吨沙子！修建一公里高速公路需要3万吨沙子。

10 月球，海洋的指挥家

月球为生活在水下的生物提供节律，影响着繁殖周期，并让潮汐拍打海岸线……没有它，生命可能就不会从海洋中出现。

月亮

地球

你知道吗?

作为一片相对面积较小的海，地中海上的确有潮汐现象，但几乎看不见。潮汐的涨落幅度（两次潮汐之间的水位差）不超过40厘米。

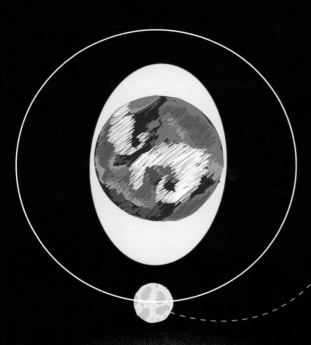

潮汐是怎么来的?

这是种很复杂的现象，海洋运动的振幅主要取决于月球、地球和太阳之间的引力、地理位置、科里奥利力和许多其他影响较小的因素。行星之间相互吸引，这种吸引力对液体的影响很大。当太阳和月亮排成一条直线时，引力增强，潮汐系数非常大。它们可以在指数20到120之间变化，这是最大的潮汐。潮高差，也就是涨潮和落潮之间的水位差，可能介于10厘米到10多米之间。

一个有影响力的卫星

45亿年前，当一颗名叫西娅的小行星与地球轨道相交时，正绕着太阳漂移。西娅与年轻的地球发生撞击，撞掉了地幔的一部分。喷射出的碎片在地球周围形成一个环状物，然后聚集在一起，由此形成了月球，它是唯一一颗环绕这个蓝色行星运行的天然卫星。月球从形成开始，就对地球上的液态元素造成了强烈的影响，使海洋不断翻滚。月球当时与地球的距离只有现在的1/3，而且引力非常强。随着时间的推移，月球越来越远，影响也越来越小。

太阳

没有月亮，就没有来自水中的生命

今天，一些科学家认为，月球显著影响了某些物种的性活动和生殖活动，因此可能与水下生物的生命周期相关。无论如何，正是潮汐运动导致了所谓的潮滩的出现，这些沿海区域位于陆地和海洋之间，在被水覆盖和被阳光曝晒之间交替。正是在这种地方，海洋生物能够慢慢进化，以适应在坚固的陆地上的生活。生命就是这样从水里走出来的！

特殊的潮汐

在满月和新月期间，也就是说，当地球、月亮和太阳基本上在同一直线上时，恒星的影响会增加，潮汐的振幅也最大（大潮）。相反，在第一季度和最后一个季度时，太阳、地球、月亮成为一个直角的时候，振幅也最小（小潮）。一年中最弱的潮汐通常发生在冬至和夏至，最大的潮汐发生在春分和

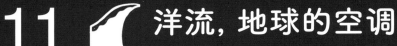

11 洋流, 地球的空调

作为真正的水下河流, 洋流在调节气候方面起着至关重要的作用。尽管它们肉眼不可见, 难以分析, 但它们遵循着一种非常精确的力学机制。

诸多参数

洋流是由风、潮汐、水体变化和地球自转共同造成的。它们还受到海底和海岸线的形态的影响, 这些都有可能加速或减缓水流, 并改变其路径。洋流可以分为密切相关的两类: 表层洋流和深层洋流。

地球自转形成的闭环

地球自转影响了风的方向和强度, 这些风则导致了表层洋流的产生。在科里奥利力的影响下, 这些从赤道运行到两级的主导气流发生了偏离。它们在海盆周围形成了环状结构, 在风的作用下, 水流沿着相同的方向流动。从空中看, 这些洋流构成了被称为环流的巨大的环状, 它在北半球顺时针旋转, 在南半球则逆时针旋转。

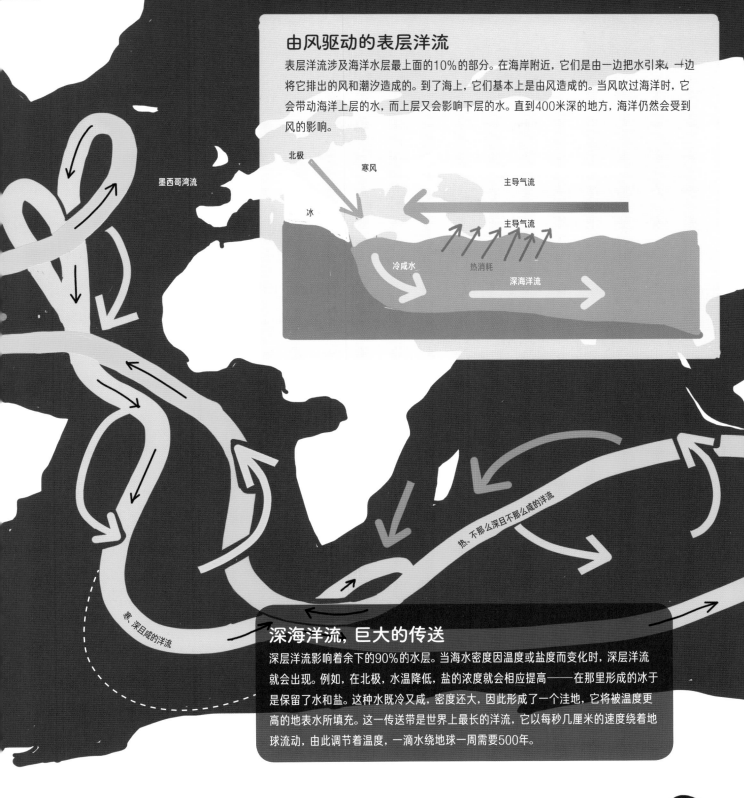

由风驱动的表层洋流

表层洋流涉及海洋水层最上面的10%的部分。在海岸附近，它们是由一边把水引来，一边将它排出的风和潮汐造成的。到了海上，它们基本上是由风造成的。当风吹过海洋时，它会带动海洋上层的水，而上层又会影响下层的水。直到400米深的地方，海洋仍然会受到风的影响。

墨西哥湾流

北极

寒风

冰

主导气流

主导气流

冷咸水

热消耗

深海洋流

热、不那么深且不那么咸的洋流

冷、深且咸的洋流

深海洋流，巨大的传送

深层洋流影响着余下的90%的水层。当海水密度因温度或盐度而变化时，深层洋流就会出现。例如，在北极，水温降低，盐的浓度就会相应提高——在那里形成的冰于是保留了水和盐。这种水既冷又咸，密度还大，因此形成了一个洼地，它将被温度更高的地表水所填充。这一传送带是世界上最长的洋流，它以每秒几厘米的速度绕着地球流动，由此调节着温度，一滴水绕地球一周需要500年。

12 它在表面移动

大海活跃、躁动、翻腾。其动因在于：风、洋流、地震波……

涌浪，一种由风引起的波

涌浪是水面的起伏运动。它主要是由风造成的，通过大小和周期（两个波峰之间的时间）进行界定。即使风非常小，但当你看到涌浪时，你会觉得大海在移动。实际上，海水还是在原来的位置：它呈现出垂直的圈状，但总会回到起点。海水越深，涌浪可能越壮观。一旦风静下来，涌浪就会继续它的旅行。

近岸浪，涌浪与海岸间的碰撞

近岸浪形成于涌浪与障碍物（低地、岩石……）碰撞之时。低地的上坡越陡峭，近岸浪的洪流就越剧烈。最大的近岸浪通常发生在石质低地，而非海滩或沙质低地。因此，近岸浪的大小取决于涌浪的大小、频率和海底的结构。

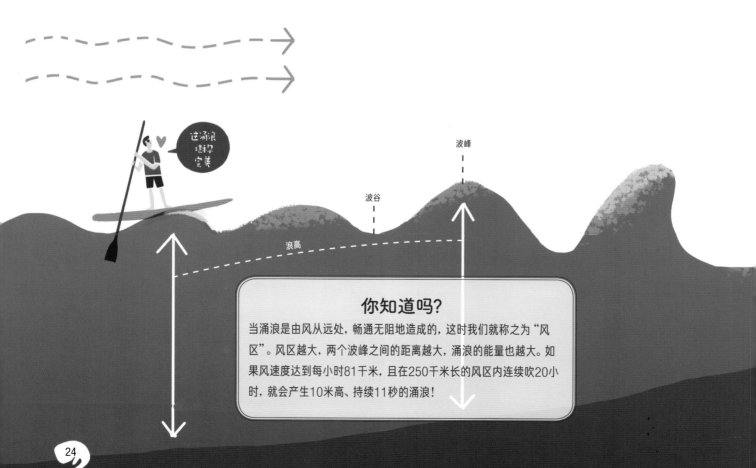

这涌浪琳尔完美

波峰

波谷

浪高

你知道吗？

当涌浪是由风从远处，畅通无阻地造成的，这时我们就称之为"风区"。风区越大，两个波峰之间的距离越大，涌浪的能量也越大。如果风速度达到每小时81千米，且在250千米长的风区内连续吹20小时，就会产生10米高、持续11秒的涌浪！

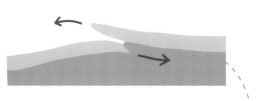

海啸，始于海底

海啸是一种由海底地质活动（如地震、海底喷发或板块滑动）引起的海浪。它可以非常迅速地传播，接近50千米/小时。海上的小船对此感觉并不明显。但当海啸接近海岸时，它的速度产生的惊人能量会撞击海底，进而变成高达20米的巨浪，更高的都有可能。

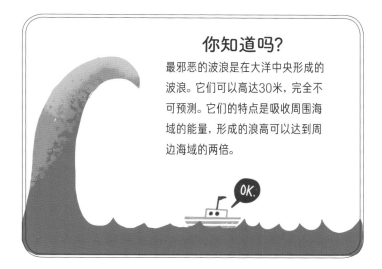

你知道吗？

最邪恶的波浪是在大洋中央形成的波浪。它们可以高达30米，完全不可预测。它们的特点是吸收周围海域的能量，形成的浪高可以达到周边海域的两倍。

OK.

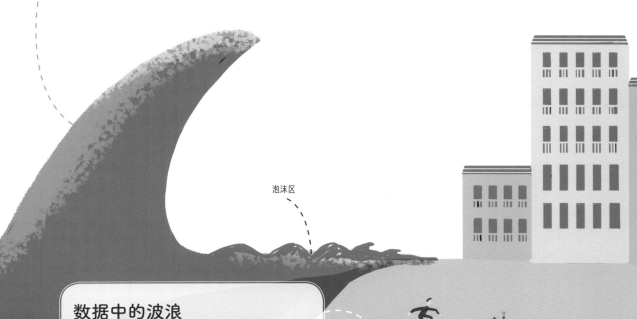

泡沫区

数据中的波浪

葡萄牙的拿撒勒（Nazaré）海浪可以超过30米高！夏威夷的爪子（Jaws）海浪超过25米高。法国的贝尔哈拉（Belharra）海浪（位于巴斯克海岸）可以超过20米高。

13 当大海震怒

海面与大气相连，并不停地运动。引起海面运动的是风、暴风雨和气旋，而它们又都是海洋温度和空气温度密切地相互作用的结果。

暴风雨起源于大洋之上

暴风雨的特点是强烈的风。当极地寒冷的气团遇到温暖的海洋空气时，暴风雨便应运而生。暖空气上升到冷空气之上，随后就产生了锋面，后者又引发了低气压。根据热度和湿度的高低，这些气团会不同程度地扩展，进而在海面形成强风，而其强度取决于气压差。

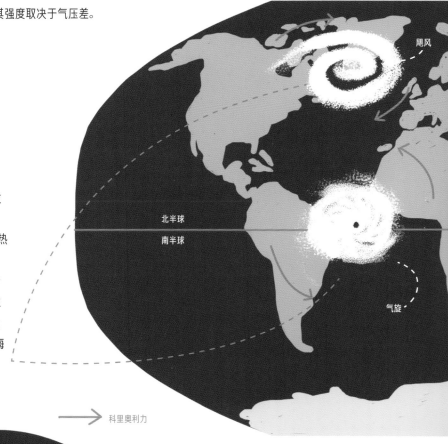

飓风

北半球

南半球

气旋

→ 科里奥利力

气旋、台风、飓风：同一种现象

气旋起源于赤道附近的海洋上空。这些纬度地区的强烈的蒸发作用导致了风的快速聚集，而科里奥利力也是部分原因。温暖的空气上升，寒冷的空气则下降，低压而后加强，由此产生了热带暴风雨。

随后，热空气与高空气流（每小时400公里的风）接触，进一步加速了未来气旋眼周围的风。必须兼具如下特定条件才能产生气旋：海水温度超过26.5℃，其深度则超过50米，湿度高，大气不稳定，纬度超过5°，地面起伏较小（因此气旋经常发生在海上和沿海地区）。

你知道吗?

我们所说的热带气旋现象,在大西洋或东北太平洋被称为飓风,而"台风"一词仅限于西北太平洋。

简而言之

当风速超过89千米/小时,我们称之为风暴。当风速超过117千米/小时,我们称之为气旋,峰值可达360千米/小时。风速超过100千米/小时的龙卷风只持续几个小时,有时只有20分钟。

海上龙卷风,快如闪电

当大气条件非常不稳定(雷暴),且冷空气气流通过温暖的海洋时,海上龙卷风就诞生了。这种温差导致了这样一种上升运动,它在科里奥利力的作用下会发生旋转。这种旋转会把水吸到云层里。海上龙卷风的强度比陆地龙卷风低,因为大海(它向来温和)和大气之间的温差比陆地和大气之间的温差小。因此,海上龙卷风在到达陆地时会消散,也可能演变成陆地龙卷风。

第二部分
海水里的生命

14 海洋小世界

目前，只有25万种海底生物被人类确认，只占地球物种的13%。但是，深海肯定还有几千种其他物种有待发现，它依然给我们保留了很多惊喜。就像在陆地上一样，海洋中的生命也被划分为各种类别。

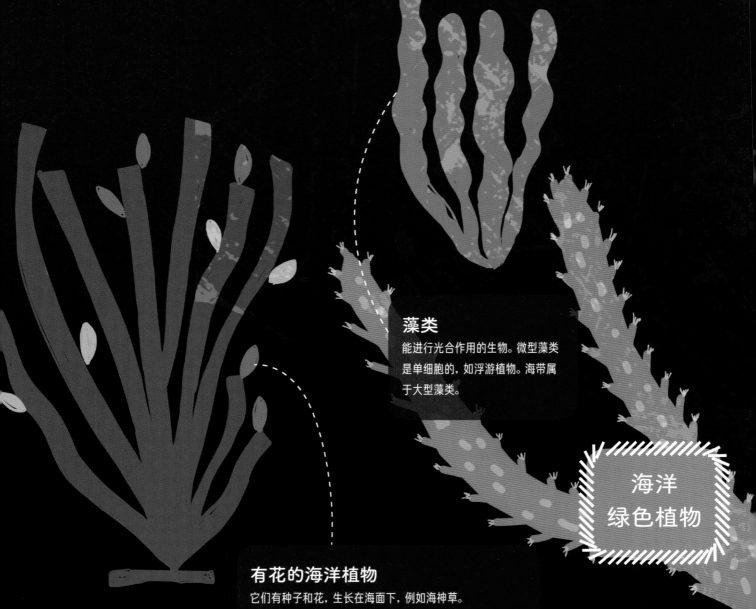

藻类
能进行光合作用的生物。微型藻类是单细胞的，如浮游植物。海带属于大型藻类。

海洋绿色植物

有花的海洋植物
它们有种子和花，生长在海面下，例如海神草。

软体动物

它们是体型柔软的动物——章鱼、鱿鱼……——通常有的也由贝壳保护，如比滨螺、牡蛎或贻贝。

鱼类

它们出现在5亿年前（人类历史只有700万年），没有牙齿，以水底淤泥为食，像蛇一样游动。随着时间的推移，牙齿和鳍出现了，骨骼的发育和游泳能力的提高最终让它们变成了捕食者，其中就有软骨鱼和硬骨鱼（通常有骨头和脊椎），它们都是通过鳃在水下呼吸的。

节肢动物

它们的腿是铰链状的，就像蜘蛛蟹或鲨的腿一样。

棘皮动物

它们是无头动物，身体分为五个部分，就像海胆和海星一样。

海洋蠕虫

他们身体柔软，有一个柔软的圆柱形身体，可以长达3米。

海绵动物

它们有一个轻而多孔的骨骼，就像海绵一样。

刺胞动物

它们拥有刺细胞，其中包括海葵、水母和珊瑚。

海洋爬行动物

像哺乳动物一样，爬行动物——海龟、鳄鱼——必须浮出水面呼吸，但它们会产卵。

海洋哺乳动物

他们用母乳喂养幼崽，并在水下屏住呼吸。鲸目动物：海豚、鲸鱼、虎鲸……与海豹或海狮等鳍足动物是不同的。

脊椎动物

海洋生物

15 潜入海洋生态系统

环境和生物有机体构成了一个处于精妙的平衡中的海洋生态系统。食物链中的每一个环节都参与其中，假如一个物种消亡，那么整个食物链都会面临危险。请潜入其中去进行一番发现吧……

在海洋中，浮游植物处于食物链的底部。它在阳光下生长，会被浮游动物或者小生物吃掉。事实上，我们可以根据海洋中的盐度、温度、光照等因素区分不同的生态系统。

浮游动物

小鱼

大型肉食类

细菌进行的分解

太阳能

浮游植物

矿物

有机物

为了保护脆弱的海洋生态系统，一些国家建立了海洋保护区。当我们不遵守那些海洋保护规则时，大自然会很快修复人类造成的伤害。

16 潮滩的神秘世界

潮滩是一个很有意思的地方：想在这片每天都被海水淹没的沿海地区生存，必须具备很强的适应能力！

为了在潮滩生存，必须去适应

自从生命第一次脱离海水以来，潮滩成了生物展现其惊人的生存能力的地方。在这个被海水和阳光交替覆盖的海岸带，必须能够同时在水下和陆上生存。在这里繁衍生息的野生动物学会了抵御海浪、水流和潮汐的力量，抵御阳光和退潮导致的脱水。

沙虫，潮滩的建筑师

沙虫是一种奇怪的海生蠕虫，它们生活在自己一粒一粒建造起来的沙管里。多年来，这些建筑蠕虫在几十平方米的浅水中建造了真正的礁石。这些坚固的建筑保护海岸不受侵蚀，庇护着丰富的海洋生物多样性。它们还得到了科学家的研究，成了他们的灵感之源。

潮滩顶部

海岸

潮滩底部

呼吸间隔时间很长的生命

典型的潮滩动物群包括海葵、海星、螃蟹和许多无脊椎动物。这些物种大多具有极高的生产力和惊人的适应力。例如，为了抵御潮水，贻贝和帽贝会把自己固定起来，还会在自己的贝壳内保留海水，以免死于脱水。贻贝通过一种被称为足丝的丝状物把自己附着在岩石上，帽贝则可以通过长成了吸盘的脚吸附在岩石上。

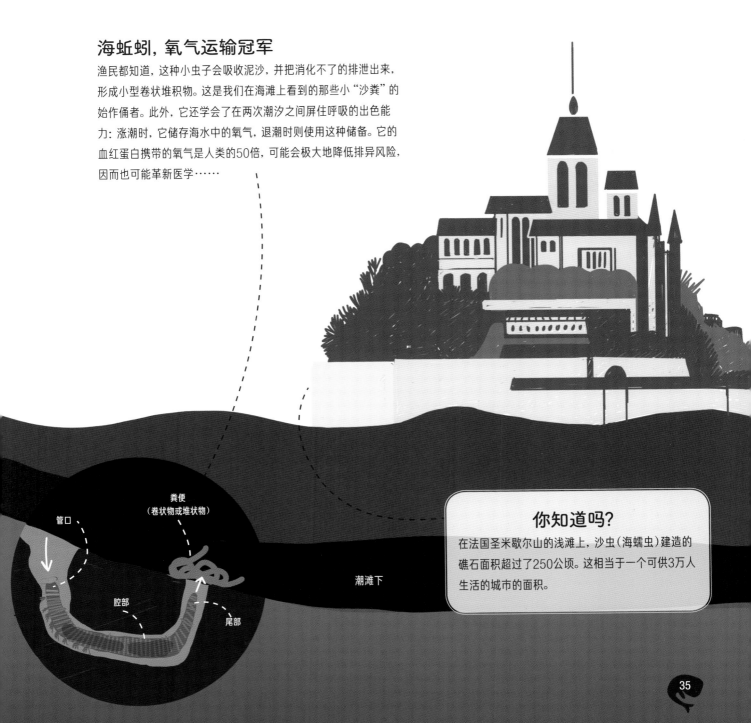

海蚯蚓，氧气运输冠军

渔民都知道，这种小虫子会吸收泥沙，并把消化不了的排泄出来，形成小型卷状堆积物。这是我们在海滩上看到的那些小"沙粪"的始作俑者。此外，它还学会了在两次潮汐之间屏住呼吸的出色能力：涨潮时，它储存海水中的氧气，退潮时则使用这种储备。它的血红蛋白携带的氧气是人类的50倍，可能会极大地降低排异风险，因而也可能革新医学……

管口

粪便
（卷状物或堆状物）

腔部

尾部

潮滩下

你知道吗？

在法国圣米歇尔山的浅滩上，沙虫（海蠕虫）建造的礁石面积超过了250公顷。这相当于一个可供3万人生活的城市的面积。

17 红树林，脚长在水里

3/4的热带或赤道海岸地带都分布着红树林。这种独特的海洋生态系统生长于涨潮和退潮交替的潮滩上，在地球的碳循环中起着至关重要的作用。

海水中的根

红树林由那些能够在海水和沼泽沉积物中生长的长根红树组成，它们能够适应所有咸度的海水。在海岸，这些灌木（有四种不同种类）高达8米；在陆上更偏远处，有的能达到20米高！

数据中的红树林

164,265千米：为红树林所覆盖的地球表面的长度，大约相当于热带雨林面积的1%。

-10,000平方千米：2000年来，红树林失去的面积。其丢失的面积相当于像黎巴嫩这样的国家的面积，也就是红树林总面积的1%。

2亿人依赖这个生态系统生存。

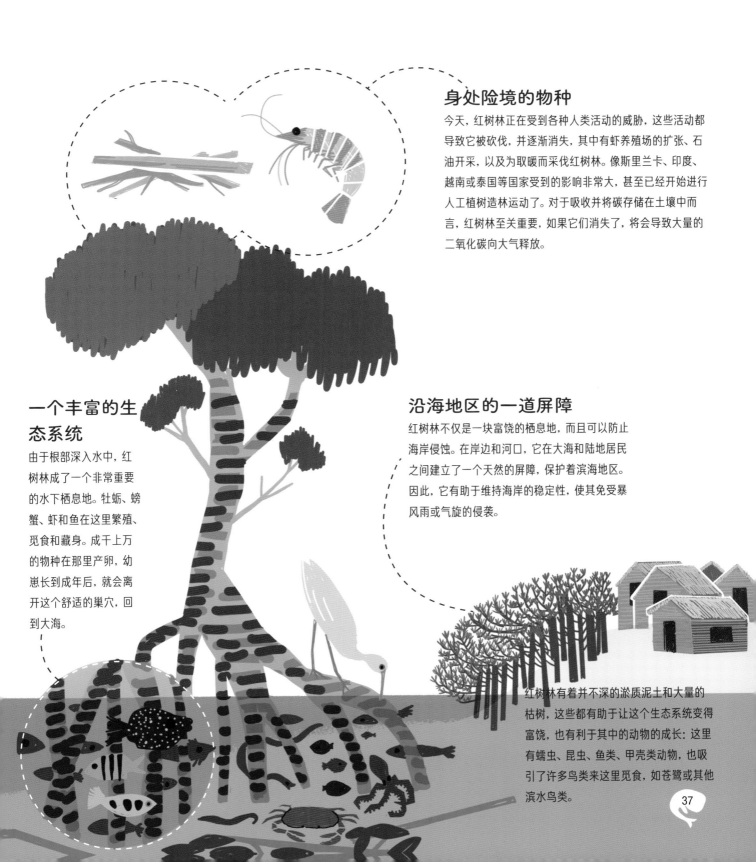

身处险境的物种

今天，红树林正在受到各种人类活动的威胁，这些活动都导致它被砍伐，并逐渐消失，其中有虾养殖场的扩张、石油开采，以及为取暖而采伐红树林。像斯里兰卡、印度、越南或泰国等国家受到的影响非常大，甚至已经开始进行人工植树造林运动了。对于吸收并将碳存储在土壤中而言，红树林至关重要，如果它们消失了，将会导致大量的二氧化碳向大气释放。

一个丰富的生态系统

由于根部深入水中，红树林成了一个非常重要的水下栖息地。牡蛎、螃蟹、虾和鱼在这里繁殖、觅食和藏身。成千上万的物种在那里产卵，幼崽长到成年后，就会离开这个舒适的巢穴，回到大海。

沿海地区的一道屏障

红树林不仅是一块富饶的栖息地，而且可以防止海岸侵蚀。在岸边和河口，它在大海和陆地居民之间建立了一个天然的屏障，保护着滨海地区。因此，它有助于维持海岸的稳定性，使其免受暴风雨或气旋的侵袭。

红树林有着并不深的淤质泥土和大量的枯树，这些都有助于让这个生态系统变得富饶，也有利于其中的动物的成长：这里有蠕虫、昆虫、鱼类、甲壳类动物，也吸引了许多鸟类来这里觅食，如苍鹭或其他滨水鸟类。

18 海神草, 海中的森林

海神草出现于1亿多年前, 自地中海形成以来, 它就一直覆盖着地中海的底部。它是鱼类的避难所, 也是一座巨大的氧气工厂。

大洋海神草, 鸢尾的表亲

1.2亿年前, 这种鸢尾的表亲植物变回了水生生物。在500多万年前地中海部分干涸后, 它幸存了下来。它在水下地中海中司空见惯, 现在是那里所特有的: 我们只能在这片海中发现它——从海面至水下40米深之间。

根, 花和果实

尽管海神草生长于水下, 但它不是藻类而是植物。其特征体现在根、茎、叶、花和果实上。它的茎呈匍匐状, 被称为"根状茎"。它的叶子可以高达一米, 一年四季都能生长出来。它的生命可以持续五到八个月。它的花会结出一朵绿色的小果实, 被称为"海橄榄", 后者会发芽, 形成一株新的植物。

生物多样性的庇护所

根状茎、根和沉积物的混合被称为浮渣。它构成了首要的生态系统, 对海洋生命而言非常友好。叶子同样也被大量的微型生物占领, 既有植物也有动物。这片海下森林庇护着众多鱼类的后代——我们还可以在其中发现乌贼卵, 犹如盘绕在叶子上的黑加仑。

（2）
氧气的释放

（1）
太阳能

氧气工厂对于对抗侵蚀也同样重要

海神草草丛能产生大量的氧气：当这种植物吸收足够的太阳能，它可以每天每平米产生十四升的氧气！通过捕获将要沉淀在草丛中的悬浮微粒，它也在水的净化中发挥作用。在水下，草丛会减缓海浪，阻止潮水以最大效能冲击海滨，由此阻止它们被侵蚀。"海神草窗台"是由丢弃在海滩上的枯叶堆积而成的，也可以避免潮水破坏海滩。不幸的是，出于美观的考虑，它们会被收集走。

你知道吗？
还有另外八种海神草，生长在澳大利亚海岸。在地中海，还发现了另外三种海洋开花植物，但海神草仍然是最常见的。

你知道吗？
致幻鱼的外号叫"海中母牛"，它们是一种地中海中非常罕见的食草鱼。它们不停地啃食绿色的长叶，像除草机一样，由此促进了叶子的生长。

19  藻类，最早的陆地生命形态

科学家认为，它们有四十万至五十万种不同的种类。这些藻类大小不一，
形态各异，颜色变化无穷，迄今只有10%被鉴别了出来！

依靠太阳成长

藻类是表现为多种形态的生命体（植物、蓝菌……）。它们没
有根，没有叶子，没有花，没有导管，没有种子，依靠光合作用，
从诸如二氧化碳、水、光能和矿盐等简单的元素开始成长。这
些蓝色的微小藻类出现于35亿年前的暖水之中，它们被称为蓝
菌，留下了地球生命最初的痕迹。它们在吸收二氧化碳的同时
向空气中释放氧气，由此而改变了我们的大气，让其他生命形
态的发展得以可能。

或巨大，或极小

微藻或者微型藻类组成了浮游植
物，处于海洋食物链的底端。根
据种类的不同，它们的大小从几
微米到几百微米不等。

巨藻包括了大型藻类和巨型藻
类，主要生长于浅水中，通过攀
缘茎固着于水底。在暖水中，藻
类的长度很少超过30厘米，但在
冷水中可以长到1米至10米长。
最大的藻类被称为巨型褐藻，可
以达到40米长。

五颜六色

它们的颜色呈红色、蓝色、绿色或者棕色，其色彩来源于吸收了光的不同颜色的色素，这些光则被用于光合作用。光的不同颜色并不全部呈现出来，视水的深度而定。"红色的"光只能照进水浅处，而绿色藻类的成长需要这种光，因此生长于水面。相反，红色的藻类吸收的是蓝色的波长，它们能在深达100米的地方存活。

你知道吗？

藻类的分解会产生硫化氢，吸入它可能非常有害，甚至导致死亡。

明日希望

藻类开始取代某些商品的成分中的塑料，比如杯子。在德国，学者正在研究一种微小的藻类，其高含油量最后也许会让它们取代石油。另一些科学家希望能用它们来吸收空气中的二氧化碳……但是，最难以置信的是对它们的感光度的发现：通过取代受损的视觉细胞，它们的分子也许可以让视障人士重见光明。

你知道吗？

藻类在全世界正被越来越多地食用。亚洲国家是主要的消费者和生产者，日本人每年吃掉7到9公斤鲜藻类。

20 浮游生物，漂浮的关键环节

浮游生物——其希腊语"planktos"意味着"漫游"——就是随着水流漂游的生物。从渺小的病毒到世界上最长的动物，包括细菌、藻类和磷虾在内，它们是我们的饮食和我们呼吸的空气的源头所在。

没有浮游生物就没有鱼

浮游生物是食物链的底端。浮游植物（植物浮游生物）是它的第一个环节，因为它为浮游动物（动物浮游生物）和大量海洋生物所食用。后者本身是小型捕食性动物的猎物，而这些小型捕食性动物又是大型捕食性动物的口中之食。某些动物，比如蓝鲸和姥鲨，直接以浮游动物为食。

CO_2 O_2

和森林中的树一样

浮游生物是海洋"生物泵"的主角，因为它自己的发育和生长全靠了光合作用：它会消耗大量的二氧化碳，固存碳，并产生许多氧气。食物链完成剩余的工作：被浮游动物吸收后，死去的浮游生物就包含在在后者的排泄物中，向广阔的海洋深处移动，并将一部分碳随身带去，后者最后成了海底的沉淀物。因而，浮游生物产生的氧气和吸收的二氧化碳和森林中的树一样多

永无止境地漂流

注意，浮游生物会游动，但不能对抗水流！浮游植物始终靠近水面，因为它需要阳光来进行光合作用。而浮游动物总是进行从上到下的垂直运动（这些生物可以在一天之内上升或下降100至500米）。有些终其一生都在漂浮，其他的在处于幼体状态时则随波逐流，——比如海胆、鱼类和珊瑚虫——但是，它们一旦孵化出来并成熟，就会定居在海底，或者自由自在地逆流而上。

管水母，世界上最长的动物

这是一种巨大的半透明、胶质的花环，可以达到45米长！阿波米亚管水母可以长到足球场那么大。这些庞然大物对科学家来说依然神秘莫测，它们实际上是由众多小型物种组成的集群，这些小型物种聚集在一起，形成了一个单一而巨大的躯体。每一个个体都承担着明确的职责，比如进食、繁殖，还有移动。

你知道吗？

夜晚，在世界上的某些海滨，沙滩上布满了星星，大海正闪耀着。这是一种由腰鞭毛虫造成的现象：这些微型藻类通过生物发光机制造出了光芒。它们具有一种叫荧光酶的酶，这种酶会因为波浪的运动而被氧化，并发出闪光。太神奇了！

水母的悖论

它们不仅迷人、优雅、神秘，而且粘手，会引发寻麻疹，具有侵略性……
这些矛盾的生物出现在六亿年前，但还不会消失。

水母奇怪的生理结构

由于水占到了其构成的95%到98%，这种胶质的无脊椎动物因而拥有出色的浮动性。它靠触手和柔软的伞形躯体漂浮和移动，其躯体会通过合拢来推动自己前进，但它无法抵抗海流。

某些水母也会利用它们的触手，通过吸收其猎物的"汁水"来进食。它们的营养从哪里来呢？浮游生物，幼虫，甚至小型鱼类。没有大脑、没有心脏、没有肺，也没有腮，它们通过身躯的细胞壁来呼吸！相反，它们身上布满了消化器官，一个胃，一个位于触手之间的隐蔽的口腔，它们还有肌肉和神经。

鱼叉

引发寻麻疹的细丝

荚膜

毒液，致命的武器

水母的触手由被称为"刺细胞"的细胞构成，它们会引发寻麻疹。每个水母都拥有几千个触手：它们刺入猎物的躯体，使之麻痹。这些微型鱼叉中的每一个都连接着一个毒液库，其浓度取决于水母的大小。水母越大，它就越危险！

一些数据

直径2米：这是狮鬃毛水母的伞形体的大小，这种水母是所有水母中最大的！它的触手可重达数百公斤，长达50米。

独特的繁殖方式

在一些水母种类中，雄性和雌性水母释放出去的生殖细胞会在水中偶遇。经过受精之后，卵变成了水母，如此循环往复下去。其他种类则更复杂一些：卵中诞生了小型幼体，它们在海底定居，而后通过发芽生殖进行繁殖，该过程产生的水母群又释放出无数的幼体。

越来越多，越来越大

随着其天敌金枪鱼和海龟慢慢消亡，水母占据上风并侵占大海。气候变化也有利于其生长，因为水温的升高让它们的生育越来越提前。更别提越来越高的亮度增加了浮游动物的数量，而水母就是以它们为食的。

不死的秘诀

灯塔水母是一种微型水母，掌握着一种神力：它可以回到水螅型状态，也就是逆转自己的衰老过程，就像蝴蝶变回了毛毛虫。我们可以理解水母为何让研究人员感兴趣了！它们通常被用作鱼类的食物、养料，甚至微塑料的过滤器，有些实验室将水母的胶原加入到防皱霜中去。

22 章鱼，海洋中的天才

章鱼神秘而迷人，长久以来都属于传说的世界。它们有着8条触手和9个大脑，被赋予了让人难以置信的能力。它们还会学习、模仿，甚至伪装，不断地让科学家震惊。

数字中的章鱼
300，这是地球上章鱼种类的数量。

3个心脏：一个主要的心脏和两个与它连在一起的小心脏；它们负责通过鳃输送含有氧分子的血液。

普通章鱼都有**5亿个神经元**！虽然人类拥有860亿个，但它的神经元还是比小鼠（8千万）和大鼠（2亿）多，和猫（约7亿）几乎处于同一水准。

太平洋中的巨型乌贼长达**9米**，重达**90公斤**。它们的**2240个吸盘**不给它们的猎物留半条生路！

过度发达的智商

章鱼也被称为乌贼，和枪乌贼与墨鱼同属一个种群：头足纲。它们有一个共同之处：智商超过了其他无脊椎动物的种类。将章鱼囚禁起来后，我们可以发现，它们会打开瓶盖，会通过视觉进行学习和记忆，还会沿着它们的触手利用工具。在它们的眼睛之间，存在着微型的皮肤结构，可以像偏光反射镜那样起作用，这就让它们得以用某种摩斯码互相交流，而且不会惊动它们的天敌！

伪装明星和逃跑皇后

靠着出色的视觉，章鱼可以等到黑夜捕猎。白天，它们会为了逃避天敌而改变大小和形状。依靠其表皮中含有色素的细胞，即色素细胞，它们也可以在数秒内，通过模仿其环境的颜色和构造来进行伪装。

为了模糊其天敌的视线，它们还能喷出一团墨汁。但是，它们最喜欢的防御模式还是逃跑：除了嘴（约2.5厘米），它们整个躯体都是由柔软而有弹性的组织构成的。因此，它们可以通过钻入随便什么通道以便逃之夭夭，只要略比它们的嘴大就可以了。

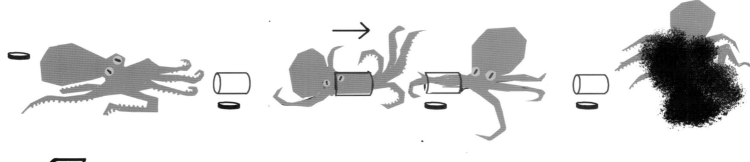

高贵生物的蓝色血液

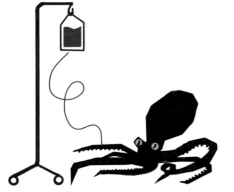

在章鱼体内，用以将氧气输入血液的蛋白质不是血红蛋白，而是血蓝蛋白，它使用的是铜元素，而不是像具有红色血液的动物那样使用铁元素。正是这种铜元素和氧气分子的组合造成了让人吃惊的蓝色。为何会有这种特性呢？当气温很冷的时候，比起血红蛋白来，血蓝蛋白能更有效地将氧气输入组织。章鱼因此能轻松地适应热带地区和两极地区的水。

23 鲨鱼，海洋中的主宰

对鲨鱼的恐惧萦绕在我们的幻想中：这种名声并无道理可言，因为，尽管它们体型巨大，但很少会成为人类的天敌。相反，这是一种需要保护的物种：鲨鱼在海洋的平衡中是一种关键要素。

你知道吗？

它们的骨骼主要由软骨组成，不像其他鱼类那样由骨头组成。它和鳐鱼来自同科，鳐鱼也有软骨骨骼。

面临威胁的噬食者

鲨鱼处于海洋食物链顶端，没有多少天敌。它们出现在几百万年之前，其行为影响了出现在它们之后的众多物种。它们首先攫取生病或受伤的猎物，由此调节某些种群，在海洋的平衡中发挥着作用。它们是优秀的食腐动物，毫不犹豫地清理着遍布有机废物的海洋。人类才是鲨鱼最大的天敌。不幸的是，每一年，3800万至1亿吨鲨鱼因为它们的鳍而丧生。这是一种不可或缺的物种，

一些数据

4.5亿年：鲨鱼自恐龙消亡后不仅幸存了下来，而且还在不断地适应！

3万：这是一只鲨鱼终其一生可能失去和替换的牙齿的数量。

60公斤：这是一些鲨鱼的一颗牙齿能承受的压力。

4天：这是鲨鱼消化期猎物可能花费的时间。

70公里／小时：这是马可鲨速度的极限。

存在着**500种**鲨鱼：最小的长**20厘米**，最大的鲸鲨长近**15米**。

在高敏感度的王国

鲨鱼有着非常发达的嗅觉。它的鼻孔对某些血液和肉体中的蛋白质有强烈的反应。因此，它能找到数公里范围内的一滴血或者一头受伤的猎物。鲨鱼的听觉让它能够捕捉到所有的潜在猎物造成的压力的振荡或变化。所以，远在数百米之外，它都能够很快注意到身处险境的动物所发出的声音。至于嗅觉，鲨鱼的肩部的突起能让它识别水的化学构成和盐的数量。

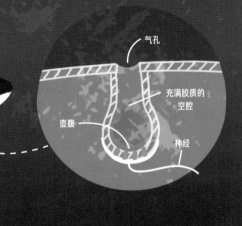

气孔

充满胶质的空腔

壶腹

神经

鲨鱼的第六感

洛伦吉尼（Lorenzini）壶腹（发现它们的意大利科学家的名字）是这样的器官：靠着组成它们的胶质，它们让鲨鱼得以捕捉到非常微弱的电流强度。鲨鱼的口鼻部分有着大量的这种胶质，使得这些部位成了一个尤其脆弱的区域。靠着这些器官，鲨鱼能轻而易举地发现一头身处险境的猎物、一块正在收缩的肌肉、一颗剧烈跳动的心脏。靠着地球的电磁场，这种"第六感"也能让鲨鱼辨认方向，感知温差。

迷人的鲸类！

这些海洋哺乳动物会孵育自己的幼崽，是了不起的潜泳者。它们还拥有非凡的智力，其中有几种是这个世界上最大的动物。

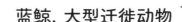

抹香鲸，憋气冠军

和蓝鲸不同，抹香鲸有牙齿。它们硕大的脑袋占了自己身体的1/3，并含有"鲸蜡"，一种由数吨液体脂肪组成的器官。这些脂肪同时被用作声纳（感知超声波）和压载物：它们根据这种含油物质的固化或液化状态，以及自身躯体变化显著的温度，对自己的浮力进行调节。抹香鲸的脑袋的特点体现在无数疤痕上，它们往往是在捕捉枪乌贼的残酷斗争中留下的。

蓝鲸，大型迁徙动物

尽管体型巨大，但蓝鲸的憋气时间不超过五十分钟。它们也没有牙齿，只有用来过滤浮游生物，尤其是磷虾的鲸须。为了进食和繁殖，它们会按照一项非常细致的计划，进行超过一万公里的大规模迁徙：它们在夏季进入北极和南极附近富饶的水域，那里有着充足的磷虾，接着，它们会在冬季回到热带或者亚热带的海域，在那里生下后代并照顾它们的幼崽。

我们的表亲海豚

海豚和蓝鲸都具有计算、在镜子中识别自己、怀有同情心、使用工具——比如使用海绵来搜索地面，以免自己受伤——的能力，但和后者不同的是，海豚可以通过使用一种独属它们的语言来进行交流。这是海洋动物中最接近人类的。它们有着出色的智力，因此被军人用来执行一些特殊行动。就像大型猴类，这些海洋动物知道改变自己的行为，并将它们传达给自己的幼崽和族群中的其他成员。

抹香鲸的憋气

这种优秀的潜水员拥有憋气下潜深度的世界纪录：3000米。

它可以保持90分钟不上浮到水面。

你知道吗？

鲸鱼同样在地球生态系统中发挥作用。在其一生中，每条蓝鲸都会吸收数吨二氧化碳，当它死去时，这些二氧化碳也会随着它们沉到海底并消失。鲸鱼的粪便是浮游生物的盛宴，而浮游生物本身也是海洋这一"碳泵"不可或缺的角色。

你知道吗？

蓝鲸重170吨，长30米，是地球上最大的动物。它打破了海上和陆地上的所有记录。

虎鲸，海中的超级捕食者

虎鲸没有任何天敌，却是所有动物的天敌，无论其大小：蓝鲸，海豚，海象，海豹，鲨鱼，金枪鱼，鲱鱼，鲑鱼……虎鲸会制定完美的捕食策略，比如撞击白鲸的肩部让它翻转，使它无法动弹。同海豚一样，虎鲸也有这样一种特点，它们会将自己的知识传给后代。

25 这些奇怪的海底生物

我们对于深海的了解要少于月球表面，然而，其深渊庇护着奇怪的生物，它们值得被人类发现。我们地球上的这块领域还有待探索，而今也是这个星球上最大的生命宝库，构成了科学最大的挑战之一。

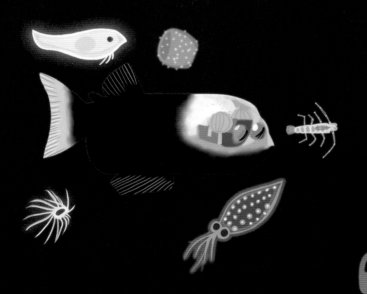

极端的生命环境

在一万米的深渊，作用于海洋动物的水压非常惊人：每平方厘米超过了一吨！这相当于一块硬币的表面承受着一部小汽车的重量……除了巨大的压力，还有光线的缺乏，极度稀有的养料，以及冰冷的气温（平均2℃）。然后，生命还能够在那里成长：我们可以在那里偶遇各种鱼类、细菌、章鱼、无脊椎动物，甚至珊瑚虫。

适者生存

海底的动物既可怕又优美。它们通常长得很小，不得不适应它们头顶的巨大的水压。它们中的多数不超过20厘米。有些长着鼓起的眼睛，以便捕捉仅有的稀薄的光线，其他则丧失了视觉。它们利用生物发光进行交流、捕猎，甚至伪装。它们看上去刚从想象的兽笼中出来，有的拥有巨大的长着锐利牙齿的嘴巴，背部悬挂着五彩的花环或者美丽的花冠。

一些数据

23万种海底物种已经被确认。
1000万种还有待发现！

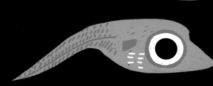

生物发光：黑暗中的光芒

当一种生物产生并发出光线时，我们就称之为生物发光。该现象可以通过化学能向光能的转化来解释。当被称为荧光素的物质和氧气化合时，就会产生被称为光子的光微粒，光线就来自于这样的反应。80%的深海物种可以发光。比如，灯笼鱼在它的脑袋的上方长了一个发光的诱饵，而龙鱼通过产生光线，得以在亮光中游泳。

我们在海底一万米吃什么？

没有光就没有光合作用！在这一深度，植物无法生长，也无法存活。在辽阔的海底，养料仅限于海面降下的有机残骸的"雨"，我们称之为"深海下雪"。它构成了海底食物链的底端。下沉得越深，养料就变得越匮乏。在海底表面，生物通过过滤沙土来寻找残羹剩饭。当面对食物短缺时，有些生物可以降低自己的新陈代谢，甚至不进食。

你知道吗？

海底的枪乌贼和它们的一些表亲不同，它们不会利用一团墨水来干扰天敌，因为这在黑暗中是没有用的。相反，它们适应了环境，并发射同样能治盲的光团。

第三部分
人类对蓝色世界的征服

26 怪物、神话和传说

在古代，人类无法触及的一切都属于众神和英雄的领域，深海大洋孕育了精彩的原型故事，例如荷马的《奥德赛》。在文艺复兴时期，为了装点空白的地方和描绘未知之物，制图员绘制了海底怪物……

亚特兰蒂斯的神话，被遗弃的城市

柏拉图曾提到过亚特兰蒂斯的神话，它是一则关于消失的天堂的神话。公元前一千多年前，一座独一无二的城市骤然间被波涛吞噬……这座理想之城应该位于大西洋的一个岛上，对面就是直布罗陀海峡。它的居民被自己的实力和傲慢冲昏了头脑，由此触怒诸神，加速了自己的死亡。

海妖塞壬：鸡女还是鱼女？

我们倾向于忘记：在希腊神话中，海妖塞壬有着鸟的外形和女人的脸庞。它们的鱼尾巴来自北欧。无论它们长成什么样，都会用自己的歌声迷惑水手，把他们吸引到暗礁上。这些造物象征着死亡，对于被它们带入海洋深处的溺死者，它们是最后的庇护人，因为那里是生命罕至之地。

约拿或鲸吞的神话

在《圣经》中，先知约拿违抗上帝之命，并坐船逃跑。当一阵可怕的暴风升起，他被抓了起来，对这骤然而至的神的愤怒负责。在被扔下船后，他被一条大鱼一口吞掉，三天之后却再次出现。那是条鲨鱼还是抹香鲸？没有人知道。但是，被海底怪物吞噬的恐惧确确

最让人害怕的海底怪物

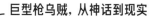

巨型枪乌贼，从神话到现实

长久以来，巨型枪乌贼攻击船只的故事盘旋在船员的脑海中。一直等到1878年，一只枪乌贼在纽芬兰的海岸上搁浅，才最终有了它们存在的证据，这只乌贼引起轰动：它有17米长！

你知道吗？

对几代法国读者来说，赫尔曼·梅尔维尔（Herman Melville）笔下的白鲸莫比·迪克（Moby Dick）是一条鲸鱼……这实际上是个翻译的错误，它歪曲了这条抹香鲸的真正的本质！不幸的是，船长亚哈(Achab)和这头渴望复仇的怪物间的激烈斗争让抹香鲸的坏名声广泛地延续着。

鲨鱼，在残忍和智慧之间

自古以来，鲨鱼就让失事船员害怕。它被起了"海中老虎"的外号，吃人的名声深入人心。但对很多太平洋的居民而言，它也象征着智慧、丰饶和灵魂。

巨型章鱼

克拉肯（Kraken）出自斯堪的纳维亚传说，它是一种硕大无比的章鱼，会把船只卷入海底，但从来不会直接攻击人类。在儒勒·凡尔纳著名的小说《海底两万里》中，攻击尼摩船长（Capitaine Nemo）的潜水艇的，就是这种巨型章鱼。

27

最早的海洋民族，最早的船

面对一望无际的大海，人类不断向自己提出问题。如何征服它？如何能在海上来去自如？海洋民族是最无所畏惧、最足智多谋的，从他们的手中诞生了第一批小艇。

独木舟，史前的船

也许是观察到河上漂浮的木头，这个想法才应运而生的。史前的独木舟由一段镂空的树干构成，便于操作且速度飞快。它们在中世纪前一直被大量使用，直至今日，仍然是世界上某些地区仅有的出行方式。

在埃及，芦苇船

人们很快就发现，独木舟对于运送商品和穿越大海而言显得太过狭小。公元前二世纪，埃及人建造了芦苇船，它有一个桅杆和借助滑轮升起来的帆，船尾还有一个舵桨。这些船比一段木头要宽得多，可以运送二十名桨手、牲口和其他商品。

你知道吗？

云杉独木舟是在近一万年前被发明的，于1950年在荷兰被发现，它是世界上已知的最古老的船。

在大洋洲，以风为友

三千年前，首批大洋洲的航海者发现，只要在一根杆子上装上兽皮或编织的植物织布，就可以利用风的力量了：帆诞生了！这些装有帆的独木舟能运送多达50名游客，正是靠着它们，大洋洲逐渐有人居住。

帆浆战船，罗马帝国的基石

希腊人、罗马人和拜占庭人使用的战船通常为"帆浆战船"。罗马的帆浆战船长30米，宽5-7米，装了正方形的帆和三个桅杆，也可用于贸易。他们的设计主要是为了巩固帝国在地中海的权力，他们令人敬畏的发明包括加固的船体以抵御炮火和飞箭，接近的舷梯以及投石器。

你知道吗？

"船"（bateau）这一术语被用来表示可以前进并被操控的漂浮的结构（和木筏相反）。我们说的"艇"是一种小尺寸的船，"舰"则是一种大吨位的船。

发明了圆形船的腓尼基人

腓尼基人是伟大的地中海航海者，最早建立了古代最负盛名的造船厂，还建造了战舰和大容量商船。这些"圆形船"呈凸肚状，靠帆提供动力，同时也用船桨。靠着这些船，腓尼基人夺取了许多环地中海的商行。

中国的帆船革命

自三世纪开始，各种发明络绎不绝：舵，桅杆延伸段上带帆骨的帆……接着，平底帆船问世了。这种船体坚固，底部是平的，没有龙骨，也没有艏柱，通过坚固的隔板被分成密闭的隔间。这种精妙的形式直到19世纪才为西方所接受，用以强化船的结构，避免海难。

28 潜水：伟大的挑战

神话和传说长久以来与对未知的海底世界——这个寂静的王国——的探索形影相伴。探索海底是一个困难重重的目标，因为对于注定生活在地表的人类而言，那里太过晦暗不明。但是，一些人将大胆尝试。

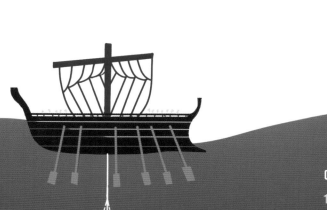

古老的梦

在古代，亚里士多德描述过一种被珍珠、海绵和珊瑚的捕捞者所使用的潜水钟。亚历山大大帝靠着一个大型玻璃桶的保护，探索过地中海的海底！但是，千百年中，人类始终面临这个陌生环境造成的物理和生理限制：阿基米德浮力，压力，缺氧，低能见度……

哈雷钟，进入海地的第一步

18世纪初，英国人埃德蒙·哈雷（Edmund Halley）将一个名为"哈雷钟"的机械沉入18米深的泰晤士河中。潜水员在钟下得到保护，而压舱的桶则为他们提供空气。当人们在该钟体的顶部装上一条供水管，将展开第二步。潜水员穿着木质盔甲来到这个系统的外面：重型潜水服的雏形诞生了。

你知道吗?

所有被置入液体中的物体都会经受一种自下而上垂直的浮力，它被称为阿基米德浮力。但是，在深海中越是下沉，这种力就会变得越弱，水的重量导致的压力就会变强。在超过一定的深度后，该物体就会被拉向到海底……

深渊深几许?

在麦哲伦环游世界期间(1519-1522),他对海洋的深度提出了疑问。为了解开这一谜团,他在太平洋中投下800多米长的加重的绳索!在19世纪,神话依然流传着,测量也在进行着:1840年,英国人詹姆斯·克拉克·罗斯(James Clark Ross)在好望角的外海投下的加重绳索达到了4000米。动机是经济上的:安装跨大西洋的电报线缆。

重型潜水服的革命

1819年,德国工程师奥古斯都·西贝(Augustus Siebe)发明了一种坚硬的潜水服,它由皮制服装和三个观测口的金属头盔组成。借助表面上的泵,一根管道可以向潜水者提供压缩空气。潜水服得名于其铅制鞋,它使得对阿基米德浮力的克服得以可能。在实验和探索中,潜水员成功地在30秒内下潜了40米之深。虽然事故不断,但这是海底探索快速发展的开端。

29 世界的划分

海洋对于每个民族而言都是主要问题，长久以来都是激战的焦点所在。在15世纪，威尼斯人和热那亚人统治着地中海，丝绸之路掌握在意大利人、中东和近东国家手里。为了摆脱这一影响，西班牙人和葡萄牙人争分夺秒，终于首先发现了一条借道大西洋的新的香料路线。

北美洲

南美洲

 麦哲伦海峡

西班牙和葡萄牙，势不两立的国家

彼时，决定海洋世界之划分的是教皇。所有签订于1494年之前的合约都有利于葡萄牙，后者得到了仅有的通往印度的已知海上路线——它是沿着非洲海岸展开的——以及对已发现的新土地的权利。西班牙只有一个顽念：找到一条经过西方的新的香料路线。这就是它交给著名的克里斯托弗·哥伦布的使命。

你知道吗？

巴西正巧处于分界线一侧属于葡萄牙的部分。这就是为什么它是南美洲唯一讲葡萄牙语的国家。

欧洲

阿根廷

萄牙　法国

西班牙

非洲

印度

亚洲

大洋洲

最早划分世界的克里斯托弗·哥伦布

1492年，克里斯托弗·哥伦布抵达巴哈马（Bahamas）的一个岛，成了第一个踏足美洲的欧洲人。西班牙宣称拥有主权，但严格按照现行条约，这片土地实际上属于葡萄牙，葡萄牙很快就开始维护自己的权利。为了平息争端，教皇亚历山大六世（Alexandre VI）在大西洋中划出了一条分界线。他由此将新大陆划分为两部分：一部分属于西班牙，另一部分属于葡萄牙。这就是《托尔德西里亚斯条约》（Tordesillas，1494），它宣告着海洋探险和殖民主义的开始……

伟大的被遗忘者

其他欧洲强权（主要是法国和英国）被排除在这一划分之外，它们并不接受该条约的条款。海上抢劫和走私是它们仅有的获取新大陆财富的选择。日积月累，这些国家装备了足够强大的海军，足以无视西班牙和葡萄牙的禁令。合约变得形同虚设。自此，土地将属于那些发现它们或通过武力夺取它们的人。法国人和英国人通过探索通往北方的新路线，开始征服尚无人染指的土地。他们也在激烈的斗争中夺取了早已被发现的、具有战略意义的岛屿和领土。

麦哲伦和首次环球旅行

在西班牙王室的支持下，葡萄牙航海家麦哲伦于1519年9月20日率领一支由五艘船组成的船队离开了欧洲大陆。通过向西航行，他希望到达被称为香料群岛（摩鹿加群岛）的地方。正是在这次探险中，麦哲伦发现了今天以他的名字命名的海峡。因此，他最早进行了历史上的首次环球航行，即第一次环世界之旅。

30 地图的绘制

第一批航海者满足于沿着海岸航行，他们害怕面对地平线外的未知。在历经多个世纪并积累诸多经验之后，一些工具和航海图可以引导他们去海的另一端，抵达新的土地。

经度和纬度，最早的标记

在公元一世纪，历史上最早的地理学家之一克罗狄斯·托勒密（Claude Ptolémée）将大地切割成几个部分，并发明了经度和纬度的概念。它们同太阳、星星的位置对应起来，让人们可以借助各种工具确定自己的位置。彼时，人们认为地球是圆形的、静止的，并且位于运动着的宇宙的中心……

Terra incognita: 地平线后面是一片虚空？

长久以来，海员害怕前往地平线之外冒险，因为人们认为地球是扁平的，抵达地球的尽头后会坠入"虚空"……我们可以在航海图上读到"Terra incognita"，即未知的土地。在19世纪，地理学会发展了起来，各种发现与日俱增，"Terra incognita"的标注因此逐渐消失了。

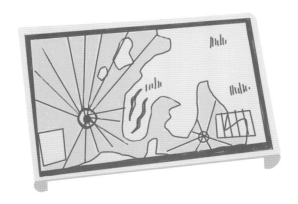

为海洋绘制地图: 经济上的挑战

最早的航海图是在兽皮上绘制的，始于13世纪。它们让确定位置、指示航向、估算距离成为可能。但是，它们很快被用来标记港口、三角洲和暗礁，包括海中的岩石。随着海洋贸易的突飞猛进，航海图的精度也在提高，以满足尽快抵达目的地的需求。

测量、计算、定位：一些航海工具

●航海星盘

它是全球定位系统的始祖，通过计算天体的高度来推算出维度。在白天，海员称之为"给太阳称重"。在晚上，北极星在北半球引导海员，在南半球的则是南十字座。

●罗盘

它出现在14世纪，是一项伟大的进步。它的磁针指向北方，为海员保持自己的航向提供了宝贵的准确度。

●六分仪

它被发明于18世纪，通过利用太阳的位置，从而让其使用者了解自己的维度。对自身经度的计算是根据太阳和钟点的位置得出来的。

●手动测深

为了避免失事，近海岸的海底深度是一项至关重要的数值！测深是通过一个铅锥——里面固定着一个可以粘取沉淀物的羊脂球——和一条与它拴在一起的细绳——上面标着刻度，用以测量深度——来实现的。

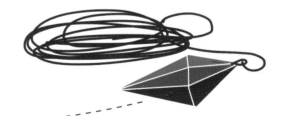

你知道吗？

最早的航海图被作为征服者的民族所使用，为的是证实他们对希望占为己有的土地的影响。由于在发现新领土的竞争中极具战略意义，用以击败对手的错误的航海图也在流通着。

31 征服世界的船

在发现的邻近的海岸，建立了商行，发展了沿海航行之后，人类想走得更远。穿越大海，抵达直至那时还未知的地方，这成了人类自中世纪以来真正的挑战。

横渡大西洋的
小型快帆船

小型快帆船相对而言较小，吨位也很小，但它足够高于水面，可以抵挡波涛和暴风，葡萄牙人发明它是为了探索大洋，而后又为欧洲人大量使用。它的特征体现在一个巨大的船头（位于前方），狭窄的艉楼，三或四个装配了三角帆（三角形和正方形的帆）的桅杆上。在首航期间，克里斯托弗·哥伦布是和三艘快帆船一起出发的：品塔号（Pinta），尼娜号（Nina），以及最大的圣玛利亚号（Santa Maria）。

用于战斗和自卫的
武装商船

武装商船出现在16世纪中叶的西班牙。这些长长的战舰是西班牙人对两种要求的回应：穿越大洋并带回美洲的金子，对抗海盗的袭击。这是17、18世纪最为常见的船之一。它有着艏楼和高耸的艉楼，并装备了数列加农炮（最多有120个！）这种军舰经常由小得多的船只（三桅战舰和轻巡洋舰）护航。

畅行无阻的龙头船

在9世纪到12世纪间，维京人统治着欧洲。它们的船，长、细而灵活，可以更好地面对远海，而且它们十分坚固，使他们得以穿越大西洋。由于装备了简单的帆缆索具，他们可以顶风前行，而且无论何时都能出航。所有人都可以在浅水中移动，也就因此可以把他们的货物或人员直接卸载在海滩上，也因而可以朔游而上，前往内陆地区经商或打家劫舍。

越来越快的快帆船

几个世纪以来，船变得越来越大，以便运送新大陆的财宝。1812年，在英美战争时期，三桅船成了明星：这种快帆船几年之前诞生于美国的工厂中，速度很快，非常适合出海，在诸如茶叶、棉花和小麦等商品的长途贸易中表现出色。在十九世纪初，一些快帆船的船长为了打破纪录，沉迷于激烈的速度比赛。苏伊士运河于1869年的开通——帆船难以通行——和蒸汽机的到来宣告了这些优雅的帆船的终结。

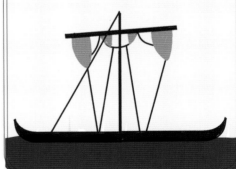

你知道吗？

维京人的船是双端的，这就是说它们首尾是对称的。它们因此可以同样方便地前进或后撤。

32 伟大的海路

一切都始于奥斯曼帝国控制的丝绸之路的被遗弃，以及15世纪的战争。东方的财宝难以通过陆路获得，欧洲人转而寻找新的海路，它们被称为香料或香水之路。

旧金山

亚速尔群岛

巴拿马

卡塔赫纳

累西腓

卡利斯托

利马

萨尔瓦多

里约

数据中的巴拿马运河

落成时的**77千米**长。

将纽约和旧金山之间的距离缩短了**15000千米**。

423平方千米: 这是世界上最大的人工湖加通湖的表面积，它为运河的建设而建。

每年通行**14000**艘船只，占了全球海陆运输的**5%**。

巴拿马运河，太平洋之门

西班牙人早已在幻想: 通过一条运河，将印加人的黄金和宝藏从太平洋运到大西洋，如此就可以绕过南美洲了! 然而，直到费迪南德·德·雷赛布(Ferdinand de Lesseps)挺身而出，该计划才于1880年破土动工。巴拿马地峡的开凿是由美国人于1914年完成的，成千上万工人为此丧命。为适应地势而建的数个人工湖和三个船闸系统共同构成了运河。随着数艘汽船的到来，新的航线标志着新时代的开始: 全球化时代。

洋流

- - - 西班牙舰队

━ ━ ━ 葡萄牙舰队

苏伊士运河

特卫普

亚

果阿

科基

马六甲

长崎

澳门

马尼拉

蒂多雷岛

特尔纳特岛

你知道吗?
为了在一片沙漠中挖凿162公里长的运河,埃及总督使用了徭役,这种制度可以迫使农民免费劳动一个月。

环海路线

对于15世纪的葡萄牙人而言,往南的路线非常容易:他们可以利用加那利群岛的洋流和摩洛哥海岸的信风。相反,回程要艰难得多。为了避开逆向的风和洋流,他们被迫在非洲的近海航行,向西北方向逆行,最后才抵达东部的葡萄牙。这就是Volta do largo,即环海。「Volta do largo为葡萄牙语,意味从海上转弯后返回,它是一种航海技术,利用大西洋洋流的运动规律,顺流往南去往非洲,返航时则往西偏转,利用风向返回葡萄牙,该路线呈环状。」

通过好望角避免绕弯路

苏伊士运河建成于1869年,这一技术上的壮举将红海和地中海连接了起来。它由费迪南德·德·雷赛布发起,使得从欧洲到亚洲的路线不用再绕过非洲大陆——节省了8000公里和大量的时间,因此而节省了大笔金钱!该运河战略意义重大,是英法对抗的焦点所在,一直延续到了20世纪中叶。

33 奴隶制和三角贸易

如果说奴隶制可以追溯到古代，那么在公元第二个千年，一场大规模运动将会使得数以百万计的牺牲者流离失所。海洋 成了著名的"三角洲贸易"的主要参与者之一。

广泛的易货贸易

几艘货船从欧洲收锚启航，船上满载着一文不值的货物，但在非洲的奴隶贩子眼中却价值连城。这些货物进行将会换来的，将是人本身，而这些人一旦到达美洲，就会被换成当地的特产，这些产品在欧洲都价格不菲（蔗糖、可可、咖啡……）大洋就是欧洲、非洲和美洲之间的三角洲贸易的舞台。

寻求劳动力

一切始于克里斯托弗·哥伦布对美洲的发现。为了应对种植园日益增长的需求，欧洲人将去寻找劳动力，他们将"捕捉"非洲的奴隶，并在美洲对其进行拍卖。从17世纪至19世纪，奴隶贩卖将他们变成了货真价实的商品。

备受关怀的商品

船到了美洲海岸之后，就会被隔离，以避免美洲大陆上所有的流行病。黑奴贩子利用这段时间"照料"这些奴隶，给他们穿衣戴帽，清洗一番，以期卖到最好的价钱。

黑奴贩运船上的噩梦

在奴隶们登上黑奴贩运船之前，一个神父强行对他们进行了洗礼，还给每个人都取了一个基督教的名字。他们被登记在册，为了防止疾病传播，被脱得干干净净，身上还被打了烙印。他们一丝不挂，毫无尊严可言，也没有半点隐私，他们的身份和人格被完全剥夺了。他们被塞进船舱，为了省出地方，他们被锁在"奴隶乐园"中，仅有"立锥"之地：船东装的奴隶越多，他就越赚钱。有些奴隶为了逃跑而跳进海里，有些因为无法忍受航行而自杀。

数据中的黑奴贩运船

黑奴贩运船大约有30米长，8米宽，4米深。船上载有400至600名黑奴，45名船员，航行至少持续两个月。有些英国货船装了多达1500名奴隶。

34 伟大的探险之旅

18世纪中叶，启蒙哲学家的精神吹向了那些伟大的海上探险旅行。达尔文、布丰、狄德罗和其他人的著作影响了科学探险之旅：欧洲人着手绘制新大陆的地图，并对之进行研究……

船上的植物学家和天文学家！

为了探索新近发现的土地，就必须把这样的科学家带上船，他们有能力在世界各地鉴别新的物种，发现新的路线，观测天体。这些探险之旅的任务五花八门：接触未知的族群，推进科学发展，建立外交关系，带回热带植物和水果……例如，雅克·卡蒂亚（Jacques Cartier）在前往加拿大的旅程中发现了弗吉尼亚的土豆和草莓。

法国人的首次环球之旅

自1766年至1769年间，布干维尔（Bougainville）与植物学家肯默生（Commerson）一起乘坐"赌气者号"和"星星号"，完成了第一次环球之旅。他们的使命是开辟一条新的前往中国的航线，为东印度公司设立商行，带回新的香料。肯默生在巴西发现了一种新的植物，将它命名为九重葛（九重葛的法语"bougainvillée"和法语人名"布干维尔"的拼写相似），以向这位探险的领导者表达敬意。布干维尔对塔希提岛（Tahiti）的描述明显地带有启蒙哲学家的印迹。

你知道吗?

菲利贝尔·肯默生是布干维尔手下的植物学家,其伴侣珍妮·巴雷(Jeanne Barret)也一起登上了船。她女扮男装,改名为"让·巴雷",假装是肯默生的仆人。她是第一位完成环球旅行的女性。

拉佩鲁兹,沿着库克的足迹

在着迷于地理学的法王路易十六的推动下,拉佩鲁兹和他的船员于1758年离开了法国。他的目的是探索太平洋,完成詹姆斯·库克(James Cook)的工作,并试图完成一次环球之旅。在经过多次中途停靠之后,"罗盘号"和"星盘号"这两艘远征舰于1788年在瓦尼科罗岛(Vanikoro)搁浅。幸存者们在那里住了一阵,而后就消失了。

詹姆斯·库克,对太平洋的探索

詹姆斯·库克在1768年被任命为"奋进号"(Endeavour)的船长,他将在太平洋中完成三次探索。计划有: 对新西兰进行完整的地图绘制,对澳大利亚的海岸、复活节岛和夏威夷岛进行探索(不久后,库克在与夏威夷岛原住民的一次争斗中被杀)……他甚至试图接近南极洲大陆,但从来没有如愿。他的这些探索的后果之一是: 澳大利亚将被英王殖民。

你知道吗?

路易十六着迷于海洋探索,1793年,在他被送上断头台之前不久还曾问道:"谁有拉佩鲁兹的消息吗?"

35 海盗和海盗船

强者法则统治海洋，随之而来的是海盗行为。随着西班牙人和葡萄牙人签订《托尔德西里亚斯条约》，一切都在加速发展，对于偏远地区而言，海盗和海盗船成了抵抗现存秩序的象征。

海盗活动的黄金时代和西班牙人的宝藏

17世纪，当西班牙王室满载着黄金的船只离开南美，不仅会遭到法国、荷兰和英国舰队，也会遭到胆大包天的海盗的攻击。这些海盗都是亡命之徒，为谋求私利而进行抢劫，只和自己的同伙分享赃物，他们一旦被逮捕，就会被判处死刑。

海盗船，抢劫者

在战争期间，海盗船会被某一个国家派去攻击所有悬挂敌国国旗的船只。在正式地得到了"任命书"或"私掠许可证"的支持后，它只攻击商船，并且必须将所获战利品带回最近的友方港口。通过攻击敌方的经济和金融优势，它让一个缺乏军事手段的国家得以削弱。一旦被逮捕，这些海盗就会被视作战俘，并与其他俘虏进行交换。

在这一切中的海贼呢?

海贼是横行于加勒比海的海盗，是被西班牙人的黄金吸引过去的。他们远离中央权力，当他们上交——并不总是如数上交——自己的战利品的时候，便和海盗相差无几了。

一些知名海盗

• **巴伯鲁斯（Barberousse）兄弟**

十六世纪的西班牙港口和船只无一幸免于这些著名的阿尔及利亚海盗的染指，他们同奥斯曼帝国的权贵结盟，在大海上纵横来往。

• **杰克·拉克姆（Jack Rackham）**

他在一次叛乱中被其同伙拥立为船长，成了十八世纪让人闻风丧胆的海盗。埃尔热的画册《丁丁》中的人物"红色拉克姆"就是受了他的启发而来的……1720年，他和其团伙遭到逮捕（其中有 Anne Bonny 和 Mary Read，两个大胆而好斗的女性海盗）。他们都将被绞死。

• **弗朗西斯·德雷克（Francis Drake）**

这名英国海盗得到了英国女王伊丽莎白一世的大力支持。

海盗已成历史?

在十八世纪初，英国、西班牙和法国终于达成了和平。海盗和海贼从此遭到了残酷的追捕，他们流亡到世界各地。但是，海盗在今天的某些地方依然猖獗：武装攻击，劫持人质，货物盗窃在东南亚、几内亚湾、索马里海岸、马六甲海峡，甚至波斯湾都司空见惯。

• **黑胡子（Barbe Noire）**

爱德华·蒂奇（黑胡子）一开始是名私掠者，最终在1717年选择独立行动，成了出名的海盗，他心思缜密，诡计多端，其外貌更是让人胆战心惊。他的旗舰"安妮女王复仇号"拥有四十门大炮，可以装下350人。

36 灯塔，大海的哨兵

自18世纪末以来，灯塔对于航海家来说是真正的导航，它们照亮了黑暗，化险为夷，勾勒出全世界的海岸，让海员得以穿梭于暗礁之间……它们的历史和国际海洋贸易的发展紧密相关。

极端的生存条件

最初，它们单纯只是点着的火，照亮着悬崖峭壁，能够指明港口入口，或迫在眉睫的危险。在古代贸易最早的航海家出现时，火被吊在木塔的高处，以便取得更好的视野，而后变成了石头建成的庞然大物。几个世纪以来，技术进步接踵而至，改善了灯塔的发光强度：木炭，油灯和电。但是，工程师的主要挑战是增加光照的范围。

135米高！

著名的亚历山大灯塔里装着烈火，日夜燃烧不断。大型青铜反射镜（或者镜子）让灯光和阳光集中，增加了其光照范围。根据历史记载，在方圆50公里内都能看得到亚历山大灯塔……它是亚历山大港荣光的象征，也是世界七大奇迹之一。

你知道吗？

克瑞阿克（Créac'h）灯塔在韦桑（Ouessant）岛上，该岛位于布列塔尼公海的最边缘，是欧洲功率最大的灯塔，其照明范围达方圆50公里！

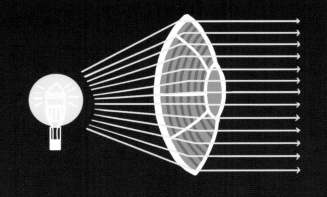

凭借菲涅尔的透镜，
照得越来越远

工程师奥古斯汀·菲涅尔(Augustin Fresnel)在1821年有了个想法，他想用多级透镜来取代金属反射镜。这一方法让光线集中在一个方向，并因此限制了光的散射空间。随着光强度的提高，地平线被照亮，沉船的数量得以减少。自此，世界上所有的灯塔都装配了这种革命性的透镜。

法老时代的建筑工地

一座灯塔的建造有时需要数年时间。为了建造海上灯塔，某些基础工程只能在退潮时进行，因为岩礁在那时才会暴露出来。最让人难忘的无疑是阿门灯塔的工地，它矗立在森岛恐怖的暗礁的尽头，无数船只在这里搁浅：这座灯塔被未来的看守者称为地狱中的地狱，它看起来似乎是无法建成的，最终花费了整整十五年时间才完工。

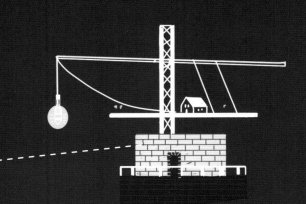

海员的语言

暗礁、港口入口、路线走向……每一座灯塔都有自己的用处，都有一种独属于它的语言——绿色、红色或者白色的光，它们有规律地隔段时间就亮起来……航标表把世界上所有的灯塔及其特定代码都登记在册，如此一来，即便没有全球定位系统，海员也可以在地球上任何地方为自己定位。在大多数灯塔完成自动化之前，看守者维护着它们的正常运行。他们被封闭在海上石塔里，有时甚至持续数天之久。

37 从勒阿弗尔到纽约：冲向蓝丝带

从1864年起的一个多世纪中，一条跨大西洋航线将诺曼底和纽约联系了起来。大型客轮出现了：巨大、壮观、快捷，为了吸引乘客，它们在技术成果上锐意进取。

我是世界之王！
（译者注：
电影《泰坦尼克号》的台词）

美洲成了唯一的希望

在最早的横渡大西洋的客轮上：有头面人物、腰缠万贯的客户，但还有，或者说基本上都是移民，他们逃离欧洲，躲避横行旧大陆的战争、迫害、饥荒和屠杀。跨过大海，希望过上更好的生活，这是上百万旅客的信念。移民上船前要经过一次医学诊断，而后在统舱里安顿下来。他们没有船舱，只有船前部和尾部的宿舍留给他们。卫生间很少，公共休息室通常是不存在的。

一些数据

26天：这是1819年首位蓝丝带奖获得者花费的时间。

14天：这是1840年横渡大西洋所需要的时间。

4天：这是1938年玛丽女王号创下的记录。

最早的跨大西洋客轮

随着蒸汽机和螺旋桨的发明，一切都将到来。当它们被合理地组合在一起，快速的跨洋航行得以可能，尤其是在对时间的掌控上，人们不再依靠随机风，而是完完全全凭借技术性能。1838年，英国蒸汽船天狼星号仅耗时两周就横渡了大西洋，这在历史上是第一次。英国人在一段时间内对这条新的海运路线保持着绝对优势。而后，在1864年，法国人佩里雷（Pereire）兄弟开通了首条定期航班，欧洲公司之间的竞争展开，并走向白热化。

黄金时代的终结

在20世纪20年代移民运动衰退了。诸如纽约之类的城市开始建立配额制。这些旅行将被留给富有的客户，他们寻欢作乐、挥金如土——这一趋势催生出了游轮。但是，从20世纪70年代起，飞机将接管横渡大西洋的航线。

你知道吗?

为了从美国至诺曼底的返程中盈利，宿舍被拆除，以便装上商品。大型客轮的另一项重要使命是发送邮件。

纪录挑战赛

航海公司为了给自己打广告，只有一种手段可用：报纸。比别人更快地穿越大西洋是航海公司最大的挑战，也是它可以引以为傲之处：纪录创造者会获得著名的蓝丝带奖。这当然是一种商业手段，但也是政治和经济赌注，因为旗帜飘扬的船舶在这个时代代表着国家实力。

38 发现海水浴

海水浴自古代以来便因其功效而闻名，但在随后数个世纪被人遗忘。实际上，暴风雨和沉船让中世纪的人类感到恐怖。但在十六世纪和十七世纪，大海跃入人们的视野，并且，对于一些可怕的疾病，比如狂犬病，海水浴成了人所共知的唯一的治疗方法。

在冬季的冰水中

当英国人发现海洋的益处后，他们提出了一种野蛮的方法，它被称为"深潜"：选择没有太阳的冬天的清晨，空腹，进入10℃的水中。头被浴场服务员按在水下，直至窒息。溺水的痛苦导致的休克被认为有救治效果……

英国人和法国人跳入水中

自1750年起，对于诸如布莱顿（Brighton）在内的一些英国沿海疗养地，海水浴变成了繁荣的经济。它们是被保留给精英阶层的，出现在了治疗各种疾病的药方上。这一医学热潮很快就成了一种社会现象。迪耶普（Dieppe）对着英国海岸，英国人早已光顾此地，它从1822年起成了法国第一个沿海疗养地。迪耶普的优势在于不太能晒到阳光。还要等上好几十年，上流社会才有胆量暴露在地中海剧烈的阳光下。

浴室占领海岸

饭店、绿树环绕的片区、面向大海的别墅……在第二帝国统治时期，法式的海水浴疗养地诞生了。巴黎和海滨疗养地之间的直达铁路线促成了这一热潮。诺曼底和多维尔（Deauville）发展成了佼佼者。欧仁妮（Eugénie）皇后让比亚里茨（Biarritz）成了欧洲最受认可的海水浴目的地之一。而后还出现了气候更为宜人的地中海疗养地，比如尼斯和它著名的英国人大道。音乐、舞蹈、赌场和消遣占据了重要位置，同样还有对捕鱼技能和海产品的发现。

一整套装束！

洗澡不能超过十分钟，还有许多限制：在一个被马牵引的更衣室里遮掩自己的裸体，遮住自己的头发，遮蔽阳光。在十九世纪的下半叶，长袍为灯笼裤和衬衫所取代。去洗澡的男男女女逐步裸露身体，并让自己晒黑。在二十世纪初，带薪休假出现在了欧洲。海水浴于是成了一种消遣，海水疗养地成了一个追求著名的大海、沙滩和阳光（译注：原文为Sea, Sand and Sun）的消费社会的象征。

第四部分
21世纪的挑战

39 大海属于谁?

今天，只有那些有海岸的国家对一部分海洋资源具有权利。获取海洋及其生物和矿产资源是21世纪最重要的任务之一。

《联合国海洋法公约》

1982年，联合国确定了海洋法，这些规则始终有效：一个国家的领海从其海岸往外延伸12海里。它对领海拥有领土主权，还包括了对渔业和矿产资源的权利。在12海里至200海里之间则是专属经济区：该国在渔业和资源上拥有专有权利。

在200海里之外

一个国家的大陆架如果超过了200海里，通过科学证明大陆架在地质学上和大陆领土永久连接，那么它对在那里发现的矿产资源便拥有专有权利，但对渔业则没有。领土权也包括了岛屿，但不包括岩礁和其他露头。为了证明对这些资源拥有权利，有些国家会发动激烈的外交和科学斗争。

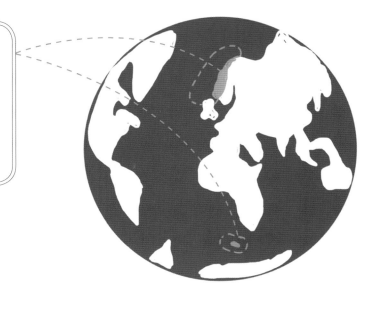

你知道吗?

和大陆架有关的规则改变了全球海洋秩序。比如说, 凭借着布韦岛 (Bouvet), 挪威得到了50万平方千米的专属经济区, 这个为冰所覆盖的小岛位于南大西洋。法国的面积同样有过增长, 靠的是其数量众多的海外领土, 它因此成了地球上领海面积第二大的国家, 仅次于美国。

在大陆架之外

1982年的《联合国海洋法公约》是目前仅有的海洋宪法。它管理着每个国家的利益和国家主权范围之外的区域。全球海洋的这一部分被称为区域或地区, 它所依据的是 "人类共同继承遗产" 这一概念。它在沿海国家的监管之外, 但无疑也引来了觊觎。每一次, 当一个国家成功地证明了其大陆架的延伸, 它便减少了共同继承遗产……《联合国海洋法公约》自此监管着资源的公平和获取, 对那些最贫穷的国家也同样如此。

谁对公海负责?

在主权范围之外, 适用于公海的是法律。它是国家法的一部分, 但是包括了模糊区域: 所有人都可以抓海盗, 但不包括污染环境者、非法渔民, 恐怖分子, 军火商, 毒品贩子或人口贩子……对于后者, 只有其出生地所在国家才能抓捕他们。今天, 谈判正在欧洲国家中进行, 以便在这些国际水域创建安全地区。

40 开发海洋

海洋的财富一直在被人类开发。今天，藻类、贝壳类、甲壳类和鱼类对于数亿人的生存而言成了必需品，这也可能威胁着资源的平衡。

捡拾贝壳，海边的渔业

野生的淡菜和牡蛎，蛏类和其他贝壳类……捡拾贝壳通常是一项娱乐活动，但对一些人而言则是生存手段。根据国家、渔业产品和数量，往往需要购买捕鱼权。牡蛎养殖和贻贝养殖都是复杂的行当：这些软体动物的饲养方法的第一步是捕捉它们的幼仔，即"幼体群"，而后使用管筒和绳索，让它们固着在上面。此后，它们便会在那里，随着潮起潮落生长。

小规模或沿海渔业

靠近沿海地区的渔业并未持续太久。渔网、钓鱼线、鱼笼：这些方法进化了数世纪。由于受到工业化渔业的竞争，沿海渔业一度被忽视，但几年来却如火如荼。它在当地进行，承担着责任，且重视短途运输，因此是未来的渔业，有利于保护资源！

你知道吗？

有些牡蛎在养殖场和鱼池里经过了精养，在那里，潮水的影响被削弱了。就和好酒一样，那些鱼池的土壤赋予它们有地理区域特色的口味。

一些数据

有29亿人的蛋白质摄入量中的20%来自于鱼类。在全世界，有1200万手工作业渔民，50万人从事工业化渔业。全世界每年捕捞近1亿吨鱼类，31%的鱼类遭过度捕捞。每年有1000万-2500万吨鱼被非法捕捞。

工业化渔业

工业化渔业在公海上进行作业，使用的是长达100米的工业化拖网渔船或者围网渔船。最后得到的鱼都已经经过了切割，有时也经过腌渍或冷冻……这些船就像工厂一样，其中的一部分会在海上停留数月之久——通信船保证了船员的更替，并将渔获物运往岸上。这种渔业充满了争议，因为它使用了有害的现代技术，比如电、回声定位、侦察机和巨型渔网，而这些都会让资源枯竭。这些船出没在全世界范围内的海上，它们出没于资源最为丰富或者法律对于它们最有利的地方。

捕鱼权交易

有时候，一些国家并没有开发其领海或专属经济区的手段，便将自己的渔业区高价卖给其他有能力开发的国家。这些出卖自己渔业区的国家往往会要求这些外国船的海员由当地海员组成，但协议常常不会落实……

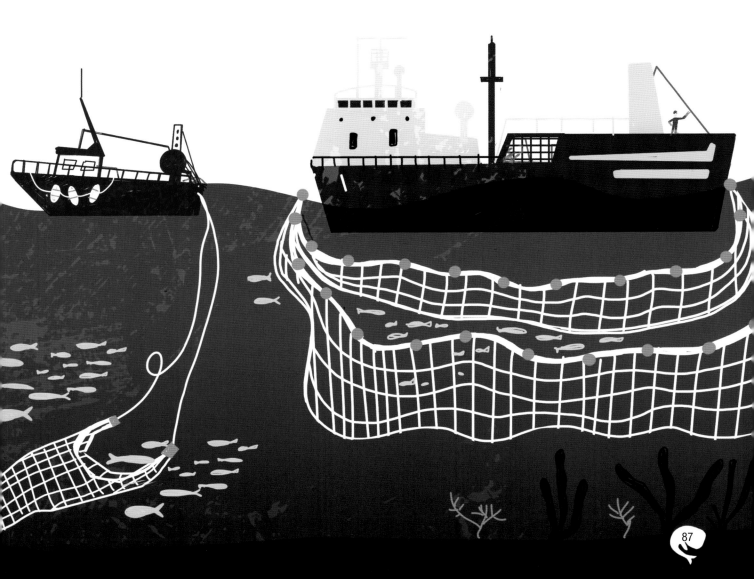

87

41 集装箱货轮，海中巨人

集装箱货轮出现在20世纪70年代，它们取代了货船，并成了全球化的象征。它们变得越来越大，如今承担着90％的全球货物的运输。

一切始自美国

1956年，由于一件一件地卸货耗费时间，一个美国的挂车搬运工不胜其烦，于是他想象这样一种箱子，可以把它直接从船上搬到货车上。麦克·莱恩（Mac Lean）因此创办了自己的海运公司，他提出了一种通用运输箱的系统，这些箱子堆积在港口，就像搭积木游戏一样。很快，这种新的商品运输方式风行全球。它让运输价格下降了近25％。1968年，第一艘集装箱货轮诞生，首条海运航线成形。

一些数据

集装箱的尺寸在全世界都是标准的：
2.4米宽，
2.4米高，
6或18米长。
最大的集装箱货轮有近400米长，59米宽，可以运输20000个集装箱。

  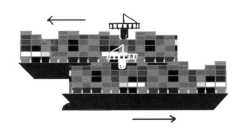

盈利竞赛

很快，海运公司通过装载最大数量的集装箱，试图将运输的盈利最大化。在20世纪70年代，最大的货船可以运载3000个集装箱；在20世纪80年代，一家中国台湾的公司开创了全球第一的服务：两个不同方向上各有12艘船。货船规模的发展是随着国际贸易的发展而来的。今天，最大的集装箱货轮可以运载超过20000个集装箱——真正的浮动的大厦。

你知道吗？

满载的货船有时候太高，为了确保它的稳定性，出现了一种被称为压载舱的双层船底，里面装满了海水。这些水是在地球某个区域抽取的，通常在数千千米之外的地方被排放出去。那些水里游动着各种微生物和鱼类，它们会扰乱海洋环境。新的保护海洋环境的法规正在制定中。

信号旗和船员

船员有时六个月时间不上岸：他们往往来自于发展中国家，自愿过上自我牺牲的生活，以此换来工资养家糊口。为了规避太过苛刻的法律，海运公司会在法规和劳动法方面比较灵活的国家注册其船只。这就是所谓的方便旗，因为登记了这些船只的国家会让诉讼复杂化。比如，在利比里亚，蒙罗维亚（Monrovia）港几乎空无一人，尽管按照法律它拥有全世界最重要的船队之一。

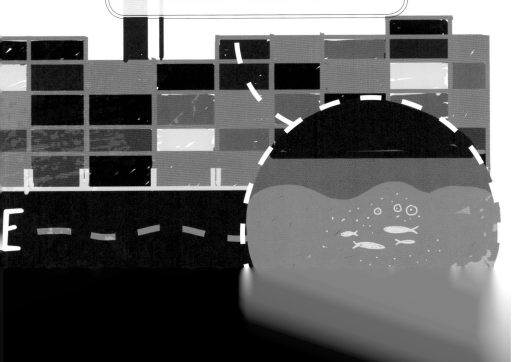

42 全球化时代的海洋

集装箱的到来变革并加速了全球贸易。港口适应了这一新模式，新的海上航线也出现了。

分割海洋的新路线

全球供需造就了新的贸易路线。由此形成了三大区域：中国，欧盟和美国。这三个地区之间进行的制成品交易构成了横贯东西的、广泛的航运通道，除此还有在亚洲和美洲、亚洲和欧洲、欧洲和美洲间的其他主要路线。

诸如碳氢化合物之类的散装的液体产品的运输，走的是中东至美洲、欧洲，尤其是东亚的路线。次要的路线将最富裕的大洲和南半球连接了起来。最后，巴西和南非的发展，澳大利亚的矿产资源和阿根廷的农业资源沿着南-南路线展开交易，通常以亚洲为终点

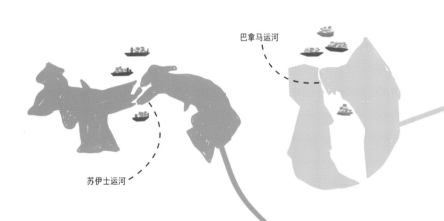

巴拿马运河

苏伊士运河

你知道吗?

苏伊士和巴拿马通过扩建而被迫适应了新的运输量。敏感的通道，比如马六甲海峡和霍尔木兹海峡，深受海盗之害，促使船主去发现其他的过境点。

港口在适应

路线变了，港口随机应变。有些地方处于必经之地，比如新加坡，它数世纪以来独占鳌头。其他港口则是最近才出现的，比如那些中国的港口。巨型起重机，绵延数公里的仓储区，亚洲的港口很快就适应了新的货运量。在世界排名前二十的港口中，超过十个在中国。

北方航运的希望

经由北方可以显著缩短航程，因此把钱省下来——这对海运公司而言关系重大。其他的优势是：避免那些饱受海盗劫掠的全球热点地区。目前，在破冰船时不时的帮助下，一些船已经去过西北的通道，亚洲和欧洲之间的东北路线沿着俄罗斯展开，它还要短得多，但对海运公司而言更为昂贵：它在夏天经常被冰块挤占，势必要求使用破冰船。如果北极像所预示的那样逐渐摆脱冰层，那么这条备受期待的新路线将迎来新的风险。

35天

48天

32天

你知道吗？

中国参与了一条新的经由北部的丝绸之路的开发，它位于亚洲和欧洲之间。它可以节省两周的海上时间。

43 旅游业的威胁

19世纪的海边度假者屈指可数，他们而今变成了数不胜数的游客。海洋的好处一直在吸引越来越多的人，暑假转变成了油水十足的生意，而且并不总是有利于环境。

滨海旅游的数据

每年有14亿游客，32%会去地中海。95%的游客集中在地球的5%的地方。每年有3000万参观者络绎不绝地前往威尼斯的泻湖。据统计，克罗地亚的杜布罗夫尼（Dubrovnik）仅有40 000居民，但每年却有420万参观者。菲律宾的长滩岛每天有19200名参观者。19个目的地已经采取措施应对景区超员问题。

海水浴疗法，海水浴的遗产

第一个真正的"海水浴疗法"开办于19世纪初的罗斯科夫（Roscoff）。历史上头一回，温泉疗养者受邀去享用加热的海水。两次世界大战严重削弱了沐浴疗法的发展，青霉素和抗菌素的发现同海水治疗一较高下。

但在20世纪50年代，海水的益处得到科学验证之后，这些中心与日俱增。它们首先是"医疗化的"场所，但随着铁路和海水浴疗养地的发展，这些机构成了度假、休假和康乐场所。

带薪休假和混凝土建筑的激增

在20世纪60年代，带薪休假出现在许多工业化国家中，与之相伴的是购买力的上升，这让工人阶层能够去旅行，由此推动了一个新的经济行业的出现：旅游业。这"批"重要的人群选择海边地区作为最喜爱的目的地之一。旅行俱乐部，破土而出的疗养地，大楼和住宅区沿着海岸涌现出来，西班牙著名的贝尼多姆（Benidorm）海水疗养地就是一例。

好坏参半的结果

混凝土建造的海滨和制造的大量废物对应着旅游业的繁荣。为保证度假者的舒适，大量的能源和水被消耗掉。水在这些地区是宝贵的东西，但被大型旅馆公司挥霍着，当地人口通常受到殃及。在海边，水通常从潜水层里抽取，这会造成土地沉陷和海滩砂的渗入。随着建筑的增加，沙滩也会逐渐消失。游轮越变越大，可以将5000名旅客运送到海边，一年能运输2400万人，这些游轮对环境造成了极其负面的影响。

你知道吗？

好几场反游客运动开始为人所知，抗议者使用诸如"游客回家"之类的口号。这一趋势在巴塞罗那、威尼斯或杜布罗夫尼克逐渐扩大。在地方主义的背景下，抗议者采取的方式更为暴力。

44 塑料的海洋

塑料瓶，超市的袋子，棉签……海滩的新装饰品正变成噩梦。塑料对于我们的海洋是心腹之患，解决该问题刻不容缓。

漩涡，海洋的一道汤

塑料废物被河流卷走，或者被船扔进大海中。1%的浮游垃圾处于漂浮状态，为海洋潮流所裹挟。它们集中于不同大洋环流的"漩涡"中。在它们可以持续数年之久的旅程中，最大的塑料会因为阳光而逐步降解，并为细菌所食用。它们会分解成尺寸小于5毫米的塑料微粒。从漂移的角度看，大块的塑料相对而言数量稀少，不幸的是，我们可以穿越环流，但却看不见其中的塑料微粒。

一些数据

每年有超过八百万吨塑料废物被倒入大海中，即每分钟15吨。80%来自于陆地，20%来自于人类的海上活动。1%的塑料只是在海面漂流，其余的会下沉、瓦解或被海潮带回海岸。大海中90%的塑料废物是由11条河流冲入海中的。每年有十万只海洋哺乳动物被塑料杀死。一只塑料瓶的降解需要200年到400年的时间。

你知道吗？

太平洋的"塑料汤"位于日本和美国之间，它也被称为"垃圾漩涡"，占据着160万平方千米的面积，是法国的三倍大。

其他塑料会变成什么?

99%的废物永远也等不到这些环流。它们分解为塑料颗粒,在海中漂浮,最后沉入深处。在海底,塑料的浓度比在海面高1000倍。滞留的塑料沉淀下来,并逐步形成新的地质层,这是我们的消费社会的特征。在解体过程中,它会变成纳米垃圾,因为被误认为食物而可能被鱼类吞食。它们由此而进入我们的食物链。一部分也会顺着潮流,回到滨海地带。

有待消除的毒物

近来的研究显示,海上塑料的表层犹如一块磁铁。它会吸引毒素,尤其是对环境有害的毒物,比如多氯联苯和致病菌。这对所有鱼类群体和我们的食品都构成了威胁。为了努力清除这些废物构成的海洋,不断有机器被发明出来,但唯一有效的解决方式当然还是不再生产垃圾。

你知道吗?

塑料微粒的大量聚集也同样被困在了大浮冰群中。随着北冰洋的消融,它将释放一万亿微粒,也就是说,比目前在海洋中的塑料多200倍。

45 这些荼毒我们海洋的污染

人类的活动和各种各样的废物正一点一点获得胜利，直至我们海洋的深处。塑料自然是存在的，但也存在着其他更不容易看到的污染，它正荼毒着我们的海洋遗产。

喧嚣的海洋

在海底，有些鱼会"通过耳朵"进行交流，迁移和繁殖。抹香鲸就是一例，它们会发出声音，以便在海洋深处确定位置。航运、矿物开采、钻井、舷外发动机，所有这些嘈杂的活动，无论是在海面上还是海面下，都会扰乱海底环境。有些哺乳动物会找不到方向，而后迷路并搁浅。

碳氢化合物和沉船的悲剧

石油污染的原因多种多样：浮油、非法洗舱、搁浅的废旧船舶。但另一个威胁影响巨大：在全世界的海洋中，躺着数千艘第二次世界大战中的沉船。它们依旧装满了燃料，其潜在污染让人不安。腐蚀作用开始侵蚀船体和油箱，并可能让近1500万吨石油释放出来。1989年，艾克森·瓦尔迪兹公司倾倒了3.7万吨燃料。科学家发出了警告：必须把这些油排空，但是各国行动迟缓。

你知道吗？

海底有着大量的地雷和武器，它们都是在最后几场战争中掉进或被沉入水里的。为了除去地雷撞针，扫雷人员会定期在海上行动，这些地雷是在某个渔民的渔网中被发现的，有些是因为潮汐显露出来的。

化学产品、重金属和肥料

沿海国家的集约化农业和养殖业带来了大量化学产品造成的雨水和废水，它们让海滩成为死寂或危险之地，比如布列塔尼及其绿藻。同样，矿业石化业的废水排出了大量的污染和重金属。根据经合组织的说法，10万种危险化学物质在全世界流通。它们在海洋生物身上聚集，并侵入食物链。

你知道吗？

对于暴露在潮水和风中的海岸而言，修复一次石油污染造成的损害，需要花费一个月到五年的时间。受保护的岩石海岸和珊瑚礁则需要数年时间恢复。

放射废物，不为人知

在20世纪50年代，在完全合法的前提下，核大国开始向海洋倾倒成桶的核电厂放射性废物。其中一些原本将密封数百年的桶已经开始泄漏了。1993年，往海洋中倾倒核废料受到了禁止，但禁令仅适用于放射性固体。向大海中排放放射性废水一直受到许可，也一直进行着。福岛的核灾难和大国进行的核武器试验产生了总体上可以测定的后果。

越来越热

大海对于气候调节至关重要，但它现在深受气候变化的影响，这一变化破坏着我们星球的生态平衡。它能抵御气候变暖吗？

高了几度

到2100年，气温会上升多少度？2度？3度？有些人甚至说是4度。在这些条件下，海洋的机能有可能被扰乱。浮冰、南极洲和陆冰的融化将会导致大量淡水的涌入，这又会扰乱气候机制。平衡冷水体和热水体的波流有可能会失控。其环流的改变将严重影响海洋的生物多样性，以及众多国家沿海的气候。海水热膨胀将强化水平面的上升。海水会随着自身变热而膨胀，并威胁到沿海地区。盐水渗入土壤，使得耕作不再可能。在一些岛上，第一批气候难民已经背井离乡了。

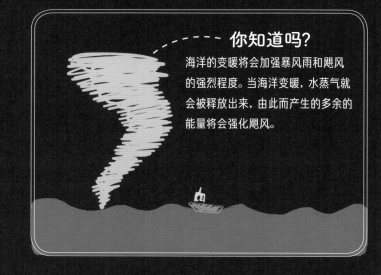

你知道吗？

海洋的变暖将会加强暴风雨和飓风的强烈程度。当海洋变暖，水蒸气就会被释放出来，由此而产生的多余的能量将会强化飓风。

珊瑚白化问题

珊瑚的萎蔫主要是由水温升高和污染引起的。面对这些外部刺激时，珊瑚会驱逐那些著名的共生藻类，正是它们赋予了它以色彩和养料。当珊瑚失去了单细胞虫黄藻，便会白化，并在几周后死亡。然而，这些暗礁支撑着约25%的海洋生物多样性。它们因此在其维护中扮演着重要的角色，但是海洋升温对它们而言是致命的。在澳大利亚，大约50%的珊瑚礁已经死亡，而在地球其他地方，该现象也在强化。

其他忧虑: 海洋的酸化

30%的二氧化碳为我们的海洋所吸收, 由此而导致的化学反应则降低了海水中的PH值。自工业革命起, 大气中的二氧化碳越来越多, 而且这一现象在仅十年来有了扩大的趋势。该趋势加速了海洋环境的酸化, 减少了一定数量的海洋动植物, 而正是它们利用海洋中现存的碳中的一部分来制造它们的甲壳。酸性越强, 甲壳或骨骼的形成就越艰难。这些海洋动物变得脆弱了, 不再能发挥它们的作用, 不再吸收碳, 海洋环境由此失衡。

你知道吗?

浮游生物部分也由有壳微生物组成。随着海洋的酸化, 这些生物越来越难以制造自己的甲壳, 并因此越来越难以生存。它们处于食物链的底端, 有可能让整个海洋生态系统失衡。

47 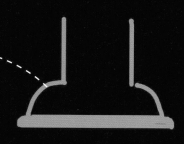 海洋是我们的未来吗？

2050年将有100亿人口，他们将如何生存？大海会成为我们的未来吗？我们知道要如何保护它吗？有一件事情是确定的，我们必须得有谋略、节俭，尤其是要意识到这一生态系统的脆弱性。

肥沃的大海：明天的菜园

在意大利海岸的外海，研究人员在海底设置了一个让人难以置信的菜园：没有土地、没有水、6到10米宽，他们成功地让芳香植物、罗勒（basilic），甚至草莓长了出来。这个海底花园被水下钟形罩保护着，经受着26℃的恒温，约83%的湿度。淡水通过凝结产生，然后流至作物，对它们进行浇灌。高浓度的二氧化碳同样让作物生长速度高于在陆地上。我们可以在这里接近理想的环境：出色的照明度，稳定的温度，以及没有害虫。仅有的不利条件：暴风雨，它可以在几分钟内将一切摧毁。人们是否会掌握这些未来的农业技术，尤其是那些缺水的国家？

你知道吗？

磷虾今后将深受人类欢迎。但是，它是一些海洋生物的主要食物，过度捕捞对食物链有着灾难性的影响。

大海，淡水源？

地下水露头因而像一条在海底涌出的地下河流。它们在地中海周围为数众多，但也会在全世界沿海滨的石灰岩地区形成，比如在墨西哥海湾、爱尔兰、马达加斯加、澳大利亚四周……这些水源的温度和浓度不同于海水，所以很容易被找到。一旦得到分析，它们就可能是解决一些国家缺乏饮用水的方案。

住在水上

人类在大海上前行，步步为营……几个世纪以来，他们试图征服沿海地区。一些人并不是为了抵御海平面上升，而是决定在水上生活。阿姆斯特丹的浮动居民区就是如此，它开始有了效仿者。一些设计者走得更远：文森特·卡勒博（Vincent Callebaut）创造的"水下城市"概念是其中成果最为丰硕的一个。他想象的是不沉的、半水上半陆地的城市，它被安置在人工潟湖上。城市中的街道和建筑将受到繁茂的植物的保护。

你知道吗？

1962年，Précontinent1在马赛海岸10米深处安装。这座水下房屋由著名的库斯托设计，是人类第一次体验水下生活。

因此，每一座浮动城市都具有聚酯纤维保护层，它能够对紫外线做出反应，也能够吸收空气中的污染。为了实现能量自主，这些城市将开发生物能和潮汐能，也会装配大量的风能和太阳能电池板。每一个城市都将能够航行世界，靠近海滨，或者干脆随波逐流。

101

48 深渊，新的黄金国度

深海比起太阳系要不为人知得多，它是一座巨大的生物多样性宝库。然而它的历史有多久呢？我们星球上最大的生态系统还未受损害，它是真正的舞台。

难以抵达

巨大的压力是海底勘探最大的障碍。在20世纪70年代，最早的深潜艇接受了挑战，并开始探索这片直至那时似乎还无法抵达的土地。1951年，挑战者二号科考船利用声呐，检测到了海洋的最深处，它距海面11千米。该处位于太平洋的马里亚纳海沟，被命名为"挑战者深渊"。日后将有四次探索试图抵达该处。

ALVIN

欢迎来到
挑战者
深渊

你知道吗？

2019年4月28日，维克多·维斯科沃(Victor Vescovo)抵达迄今为止最深的地方：挑战者深渊。它位于马里亚纳海沟，深达10928米。即便是在这一至深之处，他还是发现了塑料……

开发海底

热液喷口是矿产丰富的区域。企业家现在都梦想着去那里开采贵金属，这些数百万吨之多的金、铜、银和钴分布在广袤的海底。不列颠哥伦比亚省的一家海底矿产开发公司是首家希望对巴布亚新几内亚的海底进行勘探的企业，它希望能够开采出可能具有铜、锌和银的矿源。开采设备是有的，但计划目前还处于停滞状态。

热液喷口

这些海下生态区域被发现于1977年的加拉帕戈斯群岛的公海，有2500米深，富含生物，这让科学家们大吃一惊。它们遍布地球所有的海域，由高达20米的管柱构成。它们也被称为"烟鬼"，会吐出又黑又厚的烟雾。尽管伸手不见五指，管柱中心的温度超过350℃，离它几米远则降到了2℃，但那些主要由水和软组织部分构成的生物可以抵御这些极端条件。

你知道吗？

另一种让人垂涎的财富：富含稀有矿物质的深海平原结核。迄今为止，问题还只在于开采，但它涉及的区域可能和整个欧洲一样大。

焦虑的生物学家

科学家对这些近来出现的贪婪深感焦虑。海底的生物多样性的小损失可能会导致该生态系统所提供的保护的指数式损失，这种保护正是由该生态系统所维系的。此外，资源采掘过程中导致的颗粒云雾可能会抑制某些生态系统，机器的噪音则会干扰海洋哺乳动物。如果不采取预防措施，化学合成等鲜为人知的机制可能会消失并

49 当海洋启迪科学

海洋向科学家提供了无穷无尽的新事物和能量。它们而今在有关可循环能源和仿生学的著作中占据核心位置。

仿生学：师法自然

既然动物繁衍了数百万年之久，为什么不从它们身上汲取灵感，通过观察它们来创新呢？学者们通过模仿自然，努力改善他们的发明物的性能。比如，鲨鱼是游泳健将，通过观察它们的皮肤，学者们努力优化潜水服的滑行能力。水力发动机已经从鳗鱼的运动获取了灵感，无浆船用发动机则模仿了鱼的尾巴……可能性的领域是无边无际的！

为保护而模仿

仿生学也让我们得以发现可持续的方法来保护环境。红树林就是一个很好的灵感之源：它通过将盐水转化为淡水而得以在艰难的环境中生存下去。一项技术成就长久以来让科学家着迷。中国和美国的一些工程师受其启发，设想这样的一种装置，它能模仿该植物根部的机制。未来，它可能被用来创造一些像海绵一样的城市，它们能够抵御沿海的洪水。

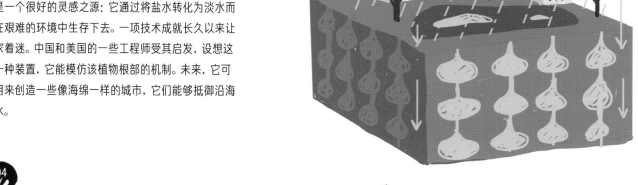

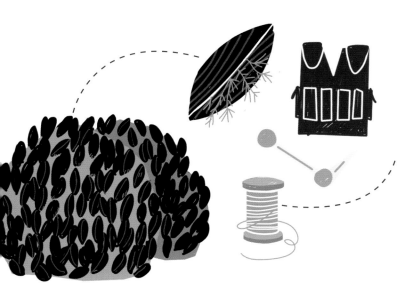

贻贝的迷人例子

足丝是丝状体的集合，这些丝状体让贻贝得以附着在任何表面上，足丝因而是世界上最好的胶水。它在任何温度中都可以发挥作用，可以抵御紫外线辐射和盐的腐蚀。尤其是，它在水下仍可以粘贴，并靠着它的那些微型吸盘来抵御波涛。这同样是一种闻名于古代的丝，但从未被好好利用。如果被有意识地利用，它可以用来创造防弹背心，光学纤维，连骨假肢，创口缝合线……

你知道吗?

波能利用波浪的能量，热能利用的是水体的温差，盐差能则是盐浓度的差异。

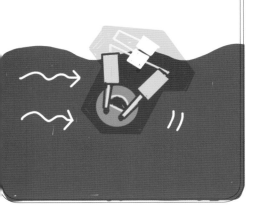

大海，能量制造者?

大海及其运动是非常宝贵的可循环能量的源头。但它构成了一个并不友善的环境。盐、海浪和风都要求坚实而稳固的设施。比如，在潮水上升和下降时，潮汐发电站就利用潮汐的力量来推动它们的涡轮机。存在着各种各样的海下风车，这些水力发动机都是将来大有前途的工具。凭借其由海流推动的大型螺旋桨，它们可以提供的能量相当于风车，而自身体积又要小很多。离岸的浮动风车是接下来最有前景的能源源头之一。但谨慎是必须的，因为在今天，没有人确切地知道它们会对环境造成何种影响。

50  八种拯救海洋的行动

因为受污染和过度开采，海洋岌岌可危。如果它不再能展现出抵抗能力，我们的作用对于保护这座宝库而言就是至关重要的了。为了保护大海，以下八种行动是必不可少的。

1

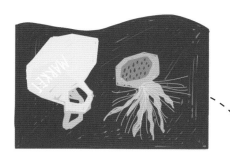

零塑料，当务之急

和水母混在一起，卡在海龟的喉咙里，被误认为是浮游生物的纳米粒子——塑料正入侵食物链。必须减少我们对塑料的消耗，制止它毒化我们的海洋。在等待世界范围内一次性塑料的禁产令出台的同时，让我们努力致力于零塑料。

2

禁止乱扔烟蒂！

每一年，全世界有45000亿只烟蒂被扔掉，很大一部分进入了我们的大海。它们的滤嘴是由众多可稀释的化学品构成的，会对海洋环境造成污染。需要5年时间才能将它们分解，所以，如果您吸烟的话，把您的烟蒂扔进垃圾箱。

3

负责任的消费

其他威胁：过度捕捞。这是海洋物种消失的主要原因之一。为了减少伤害，必须减少我们的消费，避免濒危鱼类，选择通过可持续捕捞或在当地捕捞而获取的鱼类。请优先使用最为环保的短途供应链和畜牧方式。

4

减少二氧化碳排放

海洋吸收了我们排放的二氧化碳的25%到30%。但过量的二氧化碳会导致海洋酸化，并因此将大量的物种置于危险中。消费本地食物、重视绿色交通模式或选择可回收物都是有利于海洋的行为。

5 分类

猫砂、化妆品、药物、防晒霜……有些消费品含有对海洋空间危害极大的物质。有些不可降解成分会显著地破坏珊瑚礁。通过优先选择环保产品，您可以让海洋呼吸。

6 选择有益的消遣

有些海上旅游极具污染性。相形之下，和好友或团体一起清扫海滩或岩石海岸是不错的选择。如果我们知道80%的海洋污染来自陆地，我们就会明白，这些垃圾收集工作将是卓有成效的，因为它们不可或缺。

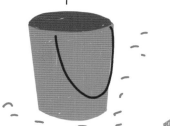

7 观察，理解，尊重

在海岸上，每一个贝壳，每一块珊瑚或石头都参与了生态环境的平衡。观察这个小小的海洋世界，尽可能少地干扰它，这样就能更好地理解它。不要在珊瑚礁上行走，不要把沙子或贝壳带回家，这些都是对海洋有益的举动。

8 支持一个海洋保护团体

无论你选择的是哪一个团体，每一小步都有益处。被收集起来的每一个瓶子、每一根烟蒂、每一张网、每一块聚苯乙烯塑料……都可以限制人类行为造成的影响。每一项有益于海洋动物保护的行动都推动着海洋和我们的星球的平衡。

索引

图书在版编目(CIP)数据

海洋信息图 / (法) 朱利埃特·朗波著；(法) 梅洛
迪·当蒂尔克绘；陈新华译. -- 重庆 : 重庆大学出
版社, 2024.12.
　　(未来人系列).
　　ISBN 978-7-5689-4913-2
　　Ⅰ. P7-64
中国国家版本馆CIP数据核字(2024)第20242E67T9号

海洋信息图
HAIYANG XINXITU
(法)朱利埃特·朗波　著　　(法)梅洛迪·当蒂尔克　绘

陈新华　　译

策划编辑: 姚　颖
责任编辑: 姚　颖
责任校对: 谢　芳
书籍设计: M^{oo} Design
责任印制: 张　策

重庆大学出版社出版发行
出版人: 陈晓阳
社址: (401331)重庆市沙坪坝区大学城西路21号
网址: http://www.cqup.com.cn
印刷: 重庆升光电力印务有限公司

开本: 889mm× 1194mm　1/16　　印张: 7.5　　字数: 243干
2024年12月第1版　　2024年 12月第1次印刷
ISBN 978-7-5689-4913-2　　定价: 118.00元

本书如有印刷、装订等质量问题, 本社负责调换
版权所有, 请勿擅自翻印和用本书制作各类出版物及配套用书, 违者必究

版贸核渝字(2021)第035号

Copyright

Océanographie by Juliette Lambot

©2020，Hachette Pratique-Hachette Livere. All rights reserved.

Current Chinese translation rights arranged through Divas International, Paris.

巴黎迪法国际版权代理